南方冬闲田马铃薯平衡施肥技术探索与实践

主　编：张新明　曹先维
副主编：伏广农　陈　洪
　　　　全　锋　贺奕明

内 容 简 介

本书从南方冬闲(稻)田马铃薯产业的科研与生产实际角度出发，重点阐述了马铃薯营养特性、南方冬闲田土壤肥力特征、肥料资源特征及南方冬闲田马铃薯平衡施肥技术等，并对需要进一步探讨的问题予以归纳。

本书图文并茂，可供从事马铃薯产业，特别是从事南方冬闲(稻)田马铃薯平衡施肥的科技人员参考，亦可作为相关专业本科生和研究生的参考书。

图书在版编目(CIP)数据

南方冬闲田马铃薯平衡施肥技术探索与实践/张新明,曹先维主编. 北京:气象出版社,2014.12
　ISBN 978-7-5029-5793-3

　Ⅰ.①南… Ⅱ.①张… ②曹… Ⅲ.①马铃薯-施肥 Ⅳ.①S532.06

中国版本图书馆 CIP 数据核字(2014)第 292825 号

出版发行:气象出版社			
地　　址:北京市海淀区中关村南大街 46 号		邮政编码:100081	
总 编 室:010-68407112		发 行 部:010-68409198	
网　　址:http://www.qxcbs.com		E-mail:qxcbs@cma.gov.cn	
责任编辑:蔺学东		终　　审:黄润恒	
封面设计:博雅思企划		责任技编:吴庭芳	
印　　刷:北京京华虎彩印刷有限公司			
开　　本:787 mm×1092 mm　1/16		印　　张:7.25	
字　　数:186 千字			
版　　次:2014 年 12 月第 1 版		印　　次:2014 年 12 月第 1 次印刷	
定　　价:30.00 元			

本书如存在文字不清、漏印以及缺页、倒页、脱页等，请与本社发行部联系调换

《南方冬闲田马铃薯平衡施肥技术探索与实践》编写组

主　编: 张新明　曹先维

副主编: 伏广农　陈　洪　全　锋　贺奕明

编著者(按姓氏拼音排序):

　　曹先维(华南农业大学园艺学院)

　　陈　洪(惠州市科学技术局)

　　程　根(华南农业大学资源环境学院)

　　伏广农(华南农业大学资源环境学院)

　　贺奕明(惠东县奕达农贸有限公司)

　　黄美华(华南农业大学园艺学院)

　　刘宏伟(华南农业大学资源环境学院)

　　全　锋(华南农业大学科技处)

　　张新明(华南农业大学资源环境学院)

前 言

马铃薯是我国种植分布最广泛的农作物,是我国的第四大粮食作物,其面积和总产量位于世界第一位(谢开云等 2008;区冬玉等 2010)。据报道,2011 年的总种植面积约 568.7 万公顷,总产为 9754 万 t,平均单产约 17.2 t/hm^2(金黎平等 2013)。根据种植制度和类型、品种类型,结合马铃薯生物学特性,参照地理、气候条件和气象指标,可将我国马铃薯种植分为四个栽培区:即北方一季作区、中原二季作区、南方冬作区和西南一二季混作区。虽然我国马铃薯主产区主要在东北、西北、华北和西南省区,但南方冬闲稻田约 1633 万 hm^2,而种植马铃薯的面积仅占冬闲稻田的 3.93%,发展潜力很大。本书涉及的内容主要是南方冬作区和西南一二季混作区的冬闲稻田马铃薯平衡施肥技术的有关研究与应用报道。

尽管自 20 世纪 80 年代以来,特别是近 10 年来开展了大量马铃薯平衡施肥方面的试验,积累了很多成功案例,但在南方还没有专门介绍冬闲田马铃薯平衡施肥技术的书籍;且由于种植制度、适宜品种、土壤性状和气候条件的差异,在北方和中原二季作区适用的平衡施肥技术体系不适于南方冬闲田马铃薯的生产,所以很有必要结合南方冬闲田马铃薯的生产实践,编写一本适合于本区域的马铃薯平衡施肥的专业书籍。

本书主要内容包括马铃薯的营养特性(伏广农和程根执笔),南方冬闲田土壤肥力特征(伏广农和黄美华执笔),南方冬闲田马铃薯生产中的肥料资源特征(伏广农、刘宏伟和贺奕明执笔),南方冬闲田马铃薯的平衡施肥技术(张新明、陈洪和全锋执笔)等,并对需要进一步探讨的问题进行了概述。最后由张新明和曹先维统稿。编著者希望通过本书为南方马铃薯产业提供参考。如果本书的内容对于从事马铃薯平衡施肥研究和生产实践的同行、在校学生有所启发和帮助,即达到了编著者抛砖引玉的目的。

由于编著者的专业所限,对于通过其他栽培措施的配套,以充分发挥平衡施肥的综合效益论述可能不够全面,望各位同行和读者批评指正。此外,因为在书中引用了国内外同行发表的各种载体上的文献资料,虽力求全部列出,但难免有疏漏之处,敬请原著(作)者谅解,并对有关著(作)者表示衷心的感谢!

本书的出版得到科技部农业科技成果转化资金项目"冬种马铃薯高产优质高效栽培集成技术转化推广"(2013GB2E000369)、农业部现代农业产业技术体系专项"国家马铃薯产业技术体系广州综合试验站"(CARS-10-ES14)、广东省科技计划项目"广东冬种马铃薯养分资源管理专家系统的研制与应用"(2010B020315022)和国家科技支撑计划"珠江三角洲集约化农田循环高效生产技术集成研究与示范"(2007BAD89B14)的资助。

编著者
2014 年 8 月于华南农业大学

目 录

前言
第1章 马铃薯营养特性 ··· (1)
  1.1 马铃薯吸收营养元素的规律 ··· (1)
    1.1.1 不同生育时期三要素浓度含量变化 ··································· (1)
    1.1.2 不同生育时期三要素在植株体内的分配 ····························· (1)
    1.1.3 氮、磷、钾营养的延续性和阶段性 ···································· (2)
    1.1.4 马铃薯的吸肥特性及区域差异性 ······································· (2)
  1.2 马铃薯对大量元素的吸收 ·· (3)
    1.2.1 氮素营养 ·· (3)
    1.2.2 磷素营养 ·· (6)
    1.2.3 钾素营养 ·· (8)
  1.3 马铃薯对中量营养元素的吸收 ·· (11)
    1.3.1 钙素营养 ··· (11)
    1.3.2 镁素营养 ··· (13)
    1.3.3 硫素营养 ··· (14)
    1.3.4 硅素营养 ··· (16)
  1.4 马铃薯对微量营养元素的吸收 ·· (17)
    1.4.1 锌素营养 ··· (17)
    1.4.2 硼素营养 ··· (19)
    1.4.3 其他微量元素 ··· (20)
  1.5 马铃薯对稀土元素的吸收 ·· (23)
    1.5.1 稀土元素的生理作用 ··· (23)
    1.5.2 稀土元素在马铃薯上的应用 ·· (24)
  1.6 马铃薯主要营养元素的胁迫(缺乏或过量)症状 ························· (24)
    1.6.1 马铃薯氮素胁迫的主要症状 ·· (24)
    1.6.2 马铃薯磷素胁迫的主要症状 ·· (25)
    1.6.3 马铃薯钾素胁迫的主要症状 ·· (26)
    1.6.4 马铃薯钙素胁迫的主要症状 ·· (27)
    1.6.5 马铃薯镁素胁迫的主要症状 ·· (28)
    1.6.6 马铃薯硫素胁迫的主要症状 ·· (29)
    1.6.7 马铃薯锌素胁迫的主要症状 ·· (30)
    1.6.8 马铃薯硼素胁迫的主要症状 ·· (30)
    1.6.9 马铃薯铜素胁迫的主要症状 ·· (31)
    1.6.10 马铃薯锰素胁迫的主要症状 ··· (31)

1.6.11　马铃薯其他元素胁迫的主要症状 …………………………………… (32)
　参考文献 ……………………………………………………………………………… (33)
第2章　南方冬闲田土壤肥力特征 ……………………………………………… (38)
　2.1　土壤生态条件 …………………………………………………………………… (38)
　2.2　土壤酸碱度 ……………………………………………………………………… (40)
　2.3　土壤有机质 ……………………………………………………………………… (41)
　2.4　土壤的大量元素 ………………………………………………………………… (44)
　　2.4.1　氮素 ……………………………………………………………………… (44)
　　2.4.2　磷素 ……………………………………………………………………… (46)
　　2.4.3　钾素 ……………………………………………………………………… (47)
　2.5　土壤的中量元素 ………………………………………………………………… (48)
　　2.5.1　硫素 ……………………………………………………………………… (48)
　　2.5.2　钙素和镁素 ……………………………………………………………… (50)
　2.6　土壤的微量元素 ………………………………………………………………… (50)
　　2.6.1　有效硼含量 ……………………………………………………………… (50)
　　2.6.2　有效锌含量 ……………………………………………………………… (51)
　　2.6.3　有效铜含量 ……………………………………………………………… (51)
　　2.6.4　有效铁含量 ……………………………………………………………… (52)
　　2.6.5　有效锰含量 ……………………………………………………………… (53)
　　2.6.6　活性铝含量 ……………………………………………………………… (53)
　　2.6.7　有效钼含量 ……………………………………………………………… (53)
　　2.6.8　有效硅含量 ……………………………………………………………… (54)
　2.7　土壤的稀土元素 ………………………………………………………………… (55)
　2.8　马铃薯田土壤肥力评价 ………………………………………………………… (56)
　参考文献 ……………………………………………………………………………… (58)
第3章　南方冬闲田马铃薯生产中的肥料资源特征 ………………………… (62)
　3.1　有机肥料资源 …………………………………………………………………… (62)
　　3.1.1　有机肥料 ………………………………………………………………… (62)
　　3.1.2　微生物肥料 ……………………………………………………………… (67)
　　3.1.3　绿肥 ……………………………………………………………………… (68)
　3.2　无机肥料资源 …………………………………………………………………… (69)
　　3.2.1　氮肥资源 ………………………………………………………………… (69)
　　3.2.2　磷肥资源 ………………………………………………………………… (70)
　　3.2.3　钾肥资源 ………………………………………………………………… (72)
　　3.2.4　复混肥 …………………………………………………………………… (73)
　　3.2.5　中量元素肥料资源 ……………………………………………………… (75)
　　3.2.6　微量元素肥料 …………………………………………………………… (79)
　　3.2.7　缓释和控释肥料 ………………………………………………………… (80)
　3.3　广东省典型农户马铃薯施肥状况调查与分析 ………………………………… (81)

3.4 其他省区马铃薯肥料施肥状况……(83)
　　3.4.1 福建省冬种马铃薯施肥状况……(84)
　　3.4.2 重庆市丰都县马铃薯施肥状况……(84)
　　3.4.3 云南省马铃薯施肥状况……(85)
　参考文献……(87)

第4章 南方冬闲田马铃薯平衡施肥技术……(89)
4.1 平衡施肥技术的理论基础……(89)
　　4.1.1 营养元素同等重要与不可代替定律……(89)
　　4.1.2 植物矿质营养学说……(89)
　　4.1.3 养分归还学说……(90)
　　4.1.4 最小养分定律……(90)
　　4.1.5 限制因子定律……(90)
　　4.1.6 最适因子定律……(90)
　　4.1.7 肥料效应报酬递减定律……(91)
　　4.1.8 因子综合作用定律……(91)
　　4.1.9 植物有机营养学说……(91)
　　4.1.10 肥料资源组合原理……(92)
4.2 以土壤测试为主的平衡施肥技术……(92)
4.3 以肥料效应函数为主的平衡施肥技术……(95)
4.4 以植物营养诊断为主的平衡施肥技术……(98)
　　4.4.1 缺氮防治方法……(98)
　　4.4.2 缺磷防治方法……(98)
　　4.4.3 缺钾防治方法……(98)
　　4.4.4 缺钙防治方法……(98)
　　4.4.5 缺镁防治方法……(98)
　　4.4.6 缺硫防治方法……(99)
　　4.4.7 缺锌防治方法……(99)
　　4.4.8 缺锰防治方法……(99)
　　4.4.9 缺硼防治方法……(99)
　　4.4.10 缺钼防治方法……(99)
　　4.4.11 缺铁防治方法……(99)
　　4.4.12 缺铜防治方法……(99)
　参考文献……(100)

第5章 展望……(102)
5.1 与其他作物间（套）作条件下的平衡施肥技术研究……(102)
5.2 有机肥对马铃薯平衡施肥的影响研究……(102)
5.3 冬闲田马铃薯有机（绿色）栽培中的平衡施肥技术研究……(102)
5.4 冬闲田马铃薯平衡施肥中氯化钾完全或部分替代硫酸钾问题……(103)
5.5 适宜于冬闲田马铃薯高产优质高效栽培的中、微量元素的平衡施肥指标体系……(103)

5.6 适于冬闲田马铃薯的植物营养诊断新方法的探讨 …………………………（103）
5.7 关于冬闲田马铃薯专用控释肥平衡施肥技术研究 …………………………（103）
5.8 关于有效养分测定方法的改进研究 …………………………………………（104）
5.9 关于施用生物炭时的平衡施肥技术问题 ……………………………………（104）
5.10 冬闲田马铃薯养分资源综合管理专家系统的研制与应用…………………（104）
参考文献……………………………………………………………………………………（105）

第1章 马铃薯营养特性

在马铃薯的栽培过程中,已发现十多种营养元素为其生长发育所需要,包括碳、氢、氧、氮、磷、钾、钙、镁、硫、铁、硼、锌、锰、铜、钼等。其中,碳、氢、氧是通过叶片的光合作用从大气和水中得来以外,其他矿质元素是通过根系从土壤中吸收得来的(种薯的矿质元素,有一部分也转移到新的植株中去)。这些矿质营养元素虽然占马铃薯产量的干物质比例很小(约占5%),但它们通过提高光合生产率,参与并促进光合产物的合成、运转、分配等生理生化过程,而对产量形成起着重要作用,有的元素直接作为植物体的组成部分,而有的则作为调节植物体内的生理功能,也有两者兼有的。它们在植物体的生命活动中起着不可或缺的生理作用。因此,在作物生长发育各个阶段需要各种养分的平衡供应,否则,会引起植株生长发育失调,导致产量和品质降低(门福义和刘梦芸,1995)。

本章重点阐述与平衡施肥密切相关的马铃薯营养特性。

1.1 马铃薯吸收营养元素的规律

1.1.1 不同生育时期三要素浓度含量变化

马铃薯是高产喜肥作物,其生长发育受到诸多因素的影响,其中养分影响是最重要的;养分的供应及马铃薯对养分的吸收、利用都对块茎的形成、膨大与淀粉积累有显著的影响;在马铃薯的生长周期中,对大量元素需要最多的是钾(K)、氮(N)、磷(P),即所谓三要素,其次是钙、镁。马铃薯的生育时期可分为5个阶段,即苗期、块茎形成期、块茎增长期、淀粉积累期、成熟期。

郭淑敏等(1993)研究得出,马铃薯各器官中N、P、K含量均随生育期推移而呈下降趋势,Dyson(1965)曾指出,矿质养分N、P、K,尤其是P素在植物体内容易流动,可转迁到块茎中而导致叶片中这些离子浓度的下降。马铃薯对氮、磷、钾的吸收量随着植株生长而变化,幼苗吸收速率较慢,块茎形成期、块茎增长期吸收速率猛增,进入成熟期又缓慢下来。苗期和块茎形成期氮主要作用于叶;磷对茎、叶的供应各期较平稳,而在块茎形成后不久便极大部分向块茎转移。从各器官比较,茎、叶中三要素浓度下降明显,而块茎中变幅较小。不同生育时期全株三要素的浓度分别是:苗期:氮 37.8 g/kg,磷 5.2 g/kg,钾 45.1 g/kg;块茎形成期:氮 25.5 g/kg,磷 4.0 g/kg,钾 32.6 g/kg;块茎增长期:氮 17.3 g/kg,磷 2.9 g/kg,钾 27.2 g/kg;淀粉积累期:氮 12.8 g/kg,磷 2.4 g/kg,钾 18.9 g/kg(门福义和刘梦芸,1995)。

1.1.2 不同生育时期三要素在植株体内的分配

植株各个时期对氮、磷、钾的分配量不同,全生育期茎、叶的氮、磷、钾含量呈单峰曲线型变化。苗期很少,分别占总量的19%,17.5%,17%,几乎全部分配给茎叶;块茎形成期分配量猛增,分别占总量的 56%、48.5%、49%,主要分配给茎叶,占 67%,其次是块茎,占 33%,块茎增长期分配量分别占 25%、34%、34%,以块茎为主,占 72%,而茎叶只占 28%(高炳德,1984)。各时期均以钾的浓度最高,氮其次,磷最低。相同的生育时期,不同器官中氮、磷、钾的浓度亦不同。马铃薯生育期间各器官氮素浓度的变化始终表现为叶片最高,块茎最低,叶片中的氮素浓度高低反映了叶片光合活性的大小;磷的浓度在块茎形成期前,茎最高,其次是叶,块茎最低,淀粉积累期则叶最高,其次是块茎,茎最低;钾的浓度是茎最高,其次是叶,块茎最低。

1.1.3 氮、磷、钾营养的延续性和阶段性

马铃薯开始从土壤吸收养分起,到成熟前停止从土壤中吸收养分的整个时期是其营养期。一般将养分达到一生中最大吸收量的时刻当作营养期的结束。经测定,氮的营养期结束于出苗后 100 d,磷的营养期结束于出苗后 110 d,钾是结束于出苗后 80 d。在整个营养期中连续不断地吸收养分,这是所谓的营养的延续性。在不同的生育时期,对氮、磷、钾的吸收的数量和比例有明显变化,这又是营养的阶段性(门福义和刘梦芸,1995)。

不同生育时期对氮、磷、钾三者的吸收比例是各不相同的。其绝对吸收量的比例为:苗期是 1∶0.15∶1.11,块茎形成期是 1∶0.17∶1.14,块茎增长期是 1∶0.18∶1.58;淀粉积累期是 1∶0.30∶1.45。随着生育期的推移,需要磷、钾的比例逐步提高,而需氮的比例减少(门福义和刘梦芸,1995)。

1.1.4 马铃薯的吸肥特性及区域差异性

肥料是植物的'粮食',俗话说"庄稼一枝花,全靠粪当家",马铃薯是高产作物,需肥量比较大。如果肥料不足,会出现植株弱小、结薯量少个小、产量较低的后果。马铃薯对营养元素的需求量主要受土壤肥力状况、土壤类型、种植品种、生育时期、栽培措施和气候条件等的不同而有差异。马铃薯在整个生育期中,吸收钾肥最多,氮肥次之,磷肥最少。不同生育期对养分的需要有不同的特点,因此生产上应根据马铃薯的生长规律,采取前促、中控、后保的施肥原则。前期应尽可能地使马铃薯早生快发,多分枝,形成一定的丰产苗架,因此出苗后 60 d 应将 90%的肥料施下,施肥上以 N、P 为主;中期应控制茎叶生长,不让其疯长,促使其转入地下块茎的形成与膨大;后期不能使叶色过早落黄,以保持叶片光合作用效率,多制造养分供地下块茎膨大。马铃薯的施肥水平应根据土壤的保肥、供肥能力及产量指标来确定。

我国各地均种植马铃薯,各地区土壤肥力和气候环境等差异较大。据研究(高媛等,2011;冯琰等,2006;高炳德等,2010;杜祥备等,2011),生产 1000 kg 马铃薯需 N、P_2O_5、K_2O 量的区间分别为 3.0~4.0 kg、1.0~1.50 kg、4.0~6.0 kg,氧化钙约 68 kg、氧化镁约 32 kg、硫 0.26 kg、硼 5.8 g、铜 3.83 g、锰 2.1 g、钼 0.037 g、锌 5.3~12.9 g。南方土壤多缺钾,应注重钾肥的施用;在北方,土壤缺磷多,应增施磷肥,但马铃薯对钾素需求大,也应该重视。高炳德(1984)研究得出,内蒙古地区每生产 1000 kg 块茎(同薯 8 号)需吸收氮、磷、钾分别为 4.38±0.36 kg、0.79±0.04 kg、6.55±1.70 kg,氮、磷、钾之比为 1∶0.16∶1.49 较佳;据报道(曹先维等,2013;汤丹峰等,2013a,2013b),广东省每生产 1000 kg 马铃薯块茎,需要从土壤中吸收钾(K_2O)8.74 kg、氮素 4.14 kg、磷素(P_2O_5)2.34 kg,N∶P_2O_5∶K_2O 为 1∶0.57∶2.11;姚宝全(2008)推荐福建省冬季马铃薯的氮、磷、钾平均施用量分别为 241 kg/hm^2、96 kg/hm^2 和 290 kg/hm^2,三要素最佳比例为 1.0∶0.4∶1.2;夏锦慧等(2008)研究贵州费乌瑞它干物质积

累及氮、磷、钾营养吸收特征发现，费乌瑞它对氮、磷、钾的吸收比例为 N：P_2O_5：K_2O＝1：0.13：1.66，即形成 1000 kg 的块茎需要吸收氮素（N）3.31 kg、磷素（P_2O_5）0.44 kg、钾素（K_2O）5.51 kg。由此看来，不同地区马铃薯对三要素的需求各不相同，各地区应根据当地气候环境、种植品种、土壤肥力状况合理平衡施肥，以获得优质高产的马铃薯。

1.2 马铃薯对大量元素的吸收

1.2.1 氮素营养

（1）氮素的生理作用

氮素是马铃薯生长发育所必需的大量营养元素之一，是马铃薯细胞原生质的重要组成成分，是组成氨基酸、蛋白质的必需化学元素，是核酸、叶绿素及多种酶、维生素、植物激素的组成成分。氮在马铃薯生长发育过程中发挥着重要作用，是影响马铃薯生长发育的重要因素，同时也是决定块茎高产优质的关键（Westermann et al.，2005；Bélanger et al.，2002；Sun et al.，2012）。

马铃薯叶片叶绿素含量与光合效率密切相关，施氮可促进叶绿素合成，提高气孔开闭变化幅度、光合响应灵敏度及光能转化效率；低氮（N 75 kg/hm^2）对马铃薯块茎形成期光合特性的影响程度较中氮（N 150 kg/hm^2）和高氮（N 225 kg/hm^2）处理小，光合作用自身气孔调节能力以施中氮最高；提高氮肥水平能逐渐提高马铃薯块茎形成期光补偿点、表观量子效率、最大净光合效率及表观暗呼吸速率，高氮使光能转化效率更高（郑顺林等，2010）。马铃薯叶绿素含量和光合速率与施氮量之间有极显著回归关系，在施氮量 60～239 kg/hm^2 范围内，叶片叶绿素含量和光合速率随着施氮量的增加而呈递增趋势，当叶绿素含量和光合速率达到最高点后，继续增加施氮量，叶绿素含量、叶片光合速率不再增加（张庆元，2010）。Osaki 等（1995）研究表明，硝态氮可以刺激马铃薯匍匐茎分枝，促进主茎生长，铵态氮可以促进块茎膨大，田间施氮处理比不施氮叶面积指数大。可见马铃薯光合作用与氮素密切相关，施氮可明显影响马铃薯的光合作用，协调氮素营养与光合作用之间的关系是获得高产的关键。

（2）氮素对马铃薯生长发育的影响

氮素营养的好坏不仅直接影响马铃薯的氮代谢等生理过程，而且通过影响器官的建成与功能，加强光合作用和营养物质的积累。在生育早期有充足的氮素，能促进根系的发育，增强植株的抗旱性，提高出苗率，并能促进茎叶的迅速生长。众所周知，马铃薯的收获物中，干物质的 90%～95%是来自光合产物，而光合产物积累的多少，与光合器官的叶面积系数（即叶面积）、叶片的光合生产率及叶片工作的时间（即光合势）有密切关系。氮素对增大单株叶面积系数、叶片数和叶片的大小有极显著的效果，在一定范围内，叶面积系数及叶片中叶绿素含量与施氮量呈正相关关系；此外，单位叶面积的含氮量与叶片的光合功能呈线性关系，植株体内氮素浓度的高低反映了植株生长势的强弱（郑丕尧，1992；哈里斯，1984）。氮肥还可维持绿叶的同化作用，延长光合作用的时间。据高炳德（1986）研究表明，增施氮肥时，马铃薯平均叶面积系数和最大叶面积系数分别为 0.83 和 1.94，氮肥对各个时期的光合势均有提高，但最显著的是在淀粉积累期，比对照（不施氮）增长了一倍多。王季春（1994）研究表明，马铃薯在高氮水平下具有较高的叶面积和净光合同化率，而在低氮水平下叶面积和净光合同化率都比较低。

氮肥对株高、茎粗有显著的影响作用(伍壮生,2008)。高炳德(1986)研究发现,氮肥增高作用主要表现在出苗后 50~80 d(晋薯 2 号),即块茎形成期至块茎增长期,在高氮肥水平下,株高增长显著。氮肥对茎叶干物重的增长影响,在各类土壤上均表现为极为显著。此外,增施氮肥后,平均每亩茎叶干重增长量达 80 kg,增长 60%,茎叶干重在 270 kg 范围内,茎叶干重与经济产量呈正相关,超过 270~310 kg,经济产量就因茎叶徒长而减产。

(3)氮素对马铃薯块茎产量和品质的作用

适量的氮素可显著提高块茎的产量和淀粉含量,并使生长中心和营养中心转移适当推后,延缓叶片衰老,增加后期光合势,显著提高块茎的膨大速率,增加结薯数和大中薯比率,从而达到高产优质(冯琰等,2008;郑顺林等,2013)。据高炳德(1986)研究表明,不施氮肥或只施磷肥植株干重平衡期即块茎膨大期出现最早(出苗后 50 d 左右),由于营养分配中心过早由茎叶转向块茎,茎叶生长量不够,光合生产"源"不足,生物产量和经济产量较低;单施氮肥干重平衡期在出苗后 67~70 d 出现,施氮量愈高,干重平衡期愈晚;营养分配中心转移过晚,说明茎叶生长有余,块茎生长不足,导致收获指数降低,经济产量减少。氮、磷含量比下降到 1∶0.3 以下,造成氮、磷比例失调,碳、氮代谢失调,生长中心转移过晚,块茎形成晚,增长速度慢,收获指数降低到 0.73 以下,从而产量显著降低。

在干旱半干旱地区,常规灌溉条件下,施氮量在 160~340 kg/hm² 内,每增施氮 1 kg/hm² 可使马铃薯增产 62 kg/hm² (Badr et al.,2012)。氮肥对块茎数的影响因土壤供氮水平而不同,在土壤全氮含量为 0.136%~0.161%,碱解氮含量在 111~112 mg/kg 的高产田,氮肥使块茎数显著减少,每株平均减少 2 个左右;而在全氮含量为 1% 以下,碱解氮在 68~97 mg/kg 的一般田,氮肥可使块茎数量显著增加(门福义和刘梦芸,1995)。周娜娜等(2004)研究表明:马铃薯的产量、单株薯重、商品薯率和淀粉含量都随施氮量的增加而呈抛物线趋势变化。可见在一定范围内随着施氮量的增加,马铃薯的产量也增加。当施氮量超出一定范围后,尤其是在生长中后期追施氮肥,破坏了养分的合理分配,引起植株徒长,易感病害,延迟块茎成熟,导致块茎产量和品质降低。因此,马铃薯高产栽培应结合品种特性及栽培条件拟定合理的氮肥施用量,否则会造成氮肥浪费甚至降低产量。

马铃薯主要品质性状包括淀粉含量、蛋白质含量、还原糖、Vc 含量等,氮素是蛋白质的主要成分,在作物生长发育过程中,与品质性状的最终形成关系密切。据研究,粗蛋白含量随着外界氮素营养水平的提高而增加,氮肥施用过高时,马铃薯块茎中粗蛋白质含量因品种不同而表现不一,中薯 2 号粗蛋白有上升趋势,而坝薯 9 号则略有下降,但统计上均不显著(康玉林等,1995)。王彦平等(2004)以夏坡帝品种为材料发现,低氮(75 kg/hm²)、中氮(150 kg/hm²)处理干物质含量高于无氮和高氮(225 kg/hm²)处理;随着施氮量的增加,还原糖、可溶性糖含量均呈增加趋势,这可能是由于后期氮代谢过旺在一定程度上抑制了碳代谢,阻碍了还原糖和可溶糖合成淀粉,且在整个储藏过程中亦有此趋势,但处理间差别较收获时减小,储藏末期各处理还原糖含量高低与收获时基本一致,过量的氮肥会对马铃薯的品质和储藏产生不利的影响。

淀粉含量是评价马铃薯质量的重要指标。Errebhi(1998)和 Alva 等(2004)研究发现,淀粉含量在一定范围内随施氮量增加而增加,施氮量为 80 kg/hm² 处理的块茎淀粉含量最高,为 18.8%,但随着施氮量继续增加,块茎的膨大速度加快,髓部变大,干物质积累减少,支链淀粉和总淀粉含量降低,说明过量氮肥不利于马铃薯淀粉积累。不施氮和施氮量低(50 kg/

hm^2),淀粉含量低,可能是由于施肥量不足,营养缺乏,导致植株得不到足够养分,光合产物的合成量较低(孙继英和肖本彦,2006)。值得注意的是,获得较高淀粉含量、较低还原糖和可溶性糖含量与获得较高产量的适宜施氮水平和追氮比例不一致,说明高产和优质的氮肥运筹方式不尽相同,二者之间存在一定矛盾,生产上应根据实际需求,合理施用氮肥。

(4)马铃薯各生育期对氮的吸收、积累与分配规律

马铃薯对氮的吸收速率表现为"慢—快—慢"的单峰曲线变化,峰值出现在块茎增长期,马铃薯出苗后,由于各器官建成及生长发育对氮的需求量不断增加,氮的吸收速率逐渐提高,特别是块茎形成期和块茎增长期,由于旺盛的细胞分裂和块茎的迅速建成,氮的吸收速率增高,并达到峰值,而此后由于块茎增长趋慢,转为淀粉积累对氮的需求量逐渐减少,氮的吸收速率随之直线下降,直到出苗后 90 d 左右基本停止吸收(张宝林等,2003)。马铃薯在块茎形成期平均每日每株吸收氮 45 mg,每日每亩 135 g,是苗期的 2.5 倍,是淀粉积累期的 5 倍,块茎形成期至块茎增长期氮素吸收量占最大吸收量的 52%~59%(高炳德,1984)。

马铃薯植株体内氮素的含量是随着生长发育的进程及器官的不同而变化的。马铃薯一生中均需氮素的不断供应,但在生育的中期需要量较多,前期和后期需要量较少。南方冬作区一般以齐苗后 2~7 周吸收速率最高(北方一作区一般 4~9 周),从块茎形成期至块茎增长期吸收氮的量最多,约占全生育期的 50%以上。植株体内氮素浓度的高低反映了其长势的强弱,马铃薯茎、叶中氮素浓度的变化幅度分别在 1%~3%、2%~6%之间,在全生育期间其动态变化为:块茎形成期达到最高峰,然后逐渐降低,到淀粉积累期又有所回升。块茎中的氮素浓度在整个生育期的变化为:在块茎开始增长初期有一小峰值外,而后一直下降直到成熟收获。马铃薯生育期间各器官氮素浓度整体表现为叶片>茎>块茎,随着植株营养中心由茎叶向块茎的转移,氮在体内的分布也相应发生移动,至淀粉积累期氮的营养中心转移到块茎(汤丹峰,2013a;张宝林等,2003)。

氮素在马铃薯各器官内的分配,随着生长中心的转移而发生变化。氮素在叶片中的分配率以齐苗后 25 d 为最高,70%以上的氮分配到叶片用于光合系统的迅速建成,此后随着生育过程的推移,氮素在叶片中的分配不断下降。成熟期,由于叶片的衰老和脱落,氮素在叶片中的分配率降低到 30%左右。整个生育期间氮素在茎中的分配率呈单峰曲线变化,即从幼苗期的 20%~25%缓慢上升到块茎形成期的 30%~40%,此后逐渐下降到成熟期的 10%~15%。这说明块茎形成期,也正值地上茎的旺盛生长、伸长期,此时地上茎对氮有较大的需求量;进入块茎增长期后,氮素在块茎中的分配率一直呈上升趋势,大量的氮素转移到块茎中;到成熟期,大约有 50%~80%的氮素最终储存在块茎中(汤丹峰等,2013a;张宝林等,2003;夏锦慧,2008)。氮素在各器官中的分配相对均衡,利于各器官的协调生长和生长中心的适期转移,提高块茎产量。

由图 1.1 和图 1.2 可知,张宝林等(2003)对内蒙古地区马铃薯氮素的吸收、累积、分配规律进行了研究,其研究结果与汤丹峰等(2013a)的研究结果基本一致,说明南方冬作区与北方一作区的马铃薯对氮素需求规律类似。由于南方冬作区以种植早熟品种(如费乌瑞它、粤引85-38)为主,生育期较短,与北方一作区相比马铃薯各生育期的出现时间略有不同,因此在生产实践过程中,应根据当地作物需肥规律,合理施用氮肥。

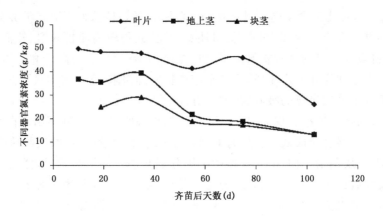

图 1.1 马铃薯不同器官不同生育阶段氮素浓度变化规律

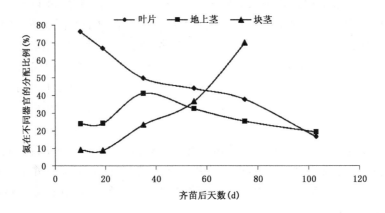

图 1.2 马铃薯不同生育阶段不同器官氮素分配比例

1.2.2 磷素营养

(1)磷素的生理作用

磷是植物所必需的三大营养元素之一,磷素在植物体内大部分呈有机物形态存在,比如磷脂、核苷酸和核酸等,也有一部分以无机磷酸的形态存在。磷素在马铃薯体内无机元素的含量中仅次于钾素,占各种无机元素的7%~10%。磷参与碳水化合物的合成和运输,包括参与光合作用CO_2固定、己糖合成蔗糖和淀粉等过程。作为硝酸还原酶和亚硝酸还原酶的重要组成成分,磷可促进脂肪的合成,甘油、糖脂的合成必须有磷的参与。磷可提高作物对环境的适应性,提高作物的抗旱、抗寒、抗病和抗倒伏能力,增强作物对外界酸碱反应变化的适应能力(王艳等,2000)。总之,磷既是细胞质和细胞核的重要组成成分之一,又是光合、呼吸和物质运输等一系列重要生理代谢过程的必须参与者,对马铃薯正常生长发育及产量形成起着极其重要的作用。

(2)磷素对马铃薯生长发育的影响

马铃薯植株体内磷素含量一般为干物重的0.4%~0.8%。磷营养水平与块茎膨大密切相关,块茎是磷素的最终储存库。提高磷肥的利用率,能促使幼苗发育健壮,有利于植株体内的各种物质的转化和代谢,从而促进植株早熟,增加块茎干物质和淀粉的累积,提高薯块的品质和耐储性,减轻储藏期的烂窖损失。磷肥充足时,能促进根系发育,增加根冠比,提高根系活力和叶片 SOD 活性,增加脯氨酸含量,降低丙二醛含量,增加束缚水含量和膜稳定性,从而增强马铃薯的抗旱、抗寒能力和适应性,而磷过量则会加速叶片老化(龚学臣等,2013)。缺磷时,马铃薯植株生长缓慢,植株矮小或细弱僵立,缺乏弹性,分枝减少,叶片变小卷曲呈杯状,叶片与叶柄均向上直立,光合作用能力差,引起马铃薯产量降低;严重缺磷时,植株基部小叶的叶尖先褪绿变褐,并逐渐向全叶扩展,最后整片叶片枯萎脱落(谢云开等,2006)。

(3) 磷素对马铃薯块茎产量和品质的作用

磷素对马铃薯营养生长、块茎的形成及淀粉的累积都有良好的促进作用。磷对马铃薯的增产效果,因施肥措施和土壤的具体条件而异。据研究,在磷素水平中等条件下,每千克磷肥增产马铃薯 51.8 kg(段玉等,2008)。高炳德(1983)田间试验表明,马铃薯磷肥肥效及利用率与土壤有效磷含量呈负相关,低肥力的砂土增产 20%,每千克过磷酸钙增产块茎 5 kg;高肥力地块增产 4.4%,每千克增产 1.8 kg。而且磷肥肥效因施用时期不同而差异显著,磷肥做基肥比追肥侧施好,磷肥利用率提高 10%,产量提高 13%~17%。关于磷肥施用部位,据高炳德(1987)试验,表面撒施增产 27%,磷肥利用率为 7%;而集中穴施增产 57%,肥料利用率为 14%,提高 7%。所以,从增产率来看,集中穴施是行之有效的磷肥施用方法。

磷肥作追肥施用同样具有较好的增产效果,以现蕾初期追施磷肥效果最佳。现蕾初期追施磷肥平均亩产 1186 kg,比对照增产 26.84%,而苗期、开花初期及在苗期、现蕾初期和开花初期分三次追肥比对照分别增产 10.59%、18.82% 和 24.06%(蔡继善,1991)。综合而言,以现蕾初期追施磷肥是一项经济有效、简而易行的增产措施。马铃薯不同生育时期追施磷肥增产的原因主要是提高大、中薯比例,延长植株生育期,增加生物产量(朱惠琴等,1999)。

磷可促进马铃薯成熟,增强块茎表皮细胞壁的坚固性,减少块茎的机械损伤;可增加 Vc 含量,可减少马铃薯对病毒的感染。适当的磷肥可增加马铃薯茎叶中的磷含量,增加块茎中淀粉含量,茎叶中磷含量与块茎中淀粉含量呈正相关,相关程度达到显著或极显著水平;同时,随着生育期推移叶和茎中磷逐渐转移至块茎,前期叶和茎中磷含量越高,光合作用、物质运输代谢越强,茎秆向块茎运输碳水化合物越多,有利于块茎淀粉的形成和积累(郭淑敏等,1993)。此外,磷能够提高淀粉黏性,改善淀粉品质,使磷酸盐与淀粉羟基间的脂化作用增强(刘青娥等,2006)。马铃薯块茎中还原糖含量随生育进程逐渐减少;各器官还原糖含量与磷素浓度呈显著负相关,增施磷肥有利于还原糖含量的降低。土壤中磷素不足,会影响马铃薯植株根系和生长点的生长,进而减少产量,降低品质,延迟成熟,施磷过量,同样也会造成产量和品质的降低,并且还会影响马铃薯植株对锌和其他微量元素的吸收(Christensen et al.,1972;Stark et al.,2002)。

(4) 马铃薯各生育期对磷的吸收、积累与分配规律

据研究(高炳德,1984),马铃薯成熟期的根系、茎叶和块茎中全磷含量分别为 6.4 g/kg、3.4 g/kg、5.5 g/kg,由于磷元素在植株体内极易流动,所以在整个生育期间,磷元素是随着生长中心的转移而变化;一般在幼嫩的器官中分布较多,如茎生长点、根尖和幼叶中磷的含量较高,随着生长中心由茎叶向块茎转移,磷向块茎中的转移量也增加,到淀粉积累期磷元素大量向块茎中转移,成熟块茎中磷元素的含量占全株磷元素总含量的 80%~90%。

马铃薯在整个生育期期间对磷素吸收速率较低,但吸收时间持续最长,一直截止到齐苗后 110 d 左右。对磷的吸收速率呈单峰曲线变化,峰值出现在齐苗后 60 d(北方一作区为 35 d)

左右,块茎形成期至块茎增长期为干物质积累最快的时期,此时植株对磷的吸收速率最快为22 mg/(株·d),是苗期的3.2倍(汤丹峰等,2013b;高聚林等,2003)。

不同耕作区马铃薯各器官磷素浓度变化规律存在差异,汤丹峰等(2013b)发现,随着生育进程马铃薯茎、叶、块茎磷素浓度表现出不同规律;茎在齐苗后15 d左右出现一个小高峰,然后逐渐下降;叶随着生长发育其磷素浓度逐渐递减;块茎磷素浓度呈单峰变化,峰值出现在齐苗后55 d左右,变化幅度较大,然后逐渐下降;块茎从出现峰值及以后一段时间内其体内磷素浓度一直很高,都高于茎和叶的含量。而北方一作区马铃薯不同器官不同时期磷素浓度变化如图1.3所示,磷的浓度在块茎形成期前,茎最高,其次是叶,块茎最低;进入淀粉积累期,块茎最高,其次是叶;茎、叶磷素浓度在齐苗后38 d左右达到峰值,此后不断下降;各器官中磷素浓度以块茎变化幅度最小,块茎增长期至成熟期其相对含量高于茎和叶(高炳德,1984;高聚林等,2003)。马铃薯在整个生育期对磷素吸收速率较低,但吸收时间持续最长,一直截止到齐苗后110 d左右。如图1.4所示,磷素在马铃薯叶片中的分配率以苗期为最高,在60%~70%,此后逐渐下降;磷素在茎中的分配率在块茎增长初期略有上升,此后缓慢下降。块茎中磷素的分配在块茎形成后急剧上升。由此说明,块茎形成以后,就有大量的磷素向块茎转移。马铃薯苗期60%以上的磷分配给叶片,到成熟期,只有5%左右仍保留在叶中,其余部分转移到其他器官。地上茎中的磷在成熟期保持在10%左右,说明在马铃薯生育后期地上茎对产量仍有贡献。成熟期83%以上的磷分配到块茎,说明磷在植株体内的流动性大,块茎是磷素的最终储存库(高聚林等,2003;汤丹峰等,2013b)。

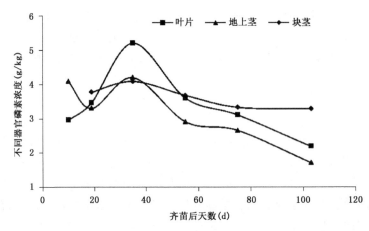

图1.3 北京一作区马铃薯不同器官不同生育阶段磷素浓度变化规律

1.2.3 钾素营养

(1)钾素的生理作用

钾素与氮、磷不同,钾是植物机体必需的一价阳离子,主要以可溶性无机盐形式存在于细胞液中,或以离子形态吸附在原生质胶体表面,具有高度的渗透性、流动性和可再利用性的特点。主要分布在比较活跃的部位,如生长点、幼叶、形成层等部位。钾对酶的活化作用是钾在植物生长发育过程中的主要功能之一,现已发现钾是60多种酶的活化剂,如丙酮酸激酶催化活性需要钾离子,提高植株钾素含量可以促进丙酮酸磷酸激酶的活性,进而满足氧化磷酸化、

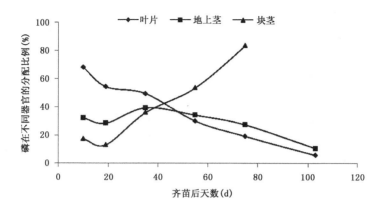

图 1.4 马铃薯不同生育阶段不同器官磷素分配比例

光合磷酸化、呼吸作用的进行。

钾作为伴随离子能促进硝酸根的运输,此外钾能够稳定蛋白质的四维或三维结构。也有研究表明,糖在韧皮部筛管中的运输与钾离子有关,提高质外体中钾离子的浓度可以促进叶肉细胞向质外体输出同化物(Doman et al.,1987)。钾是植物细胞中最重要的渗透调节物质,钾离子的累积能调节细胞的水势,它是细胞中构成渗透势的重要无机成分。细胞内钾离子浓度较高时,细胞的渗透势也随之增大,并促进细胞从外界吸收水分从而又会引起压力势的变化,使细胞充水膨大。

钾可以促进植物的光合作用,试验证明,钾不仅可以促进植物细胞中叶绿素的合成,改善叶绿体的结构,而且能促进植物在 CO_2 浓度较低的条件下进行光合作用,使植物更有效地利用太阳能。钾素还能提高原生质的水合程度,降低原生质的黏滞性,增强细胞的保水能力,并使茎秆增粗,减轻倒伏,提高耐储性。

(2)钾素对马铃薯生长发育的影响

马铃薯是高产喜钾作物,三要素中对钾需求最多。充足的钾有助于马铃薯植株健壮,提高植株抗病和耐寒能力,延缓叶片的衰老进程,还可有效提高马铃薯气孔导度、蒸腾速率和光合作用。叶片钾素充足则葡萄糖积累量较少,蔗糖、淀粉、纤维素和木质素合成较多,促进叶片中的碳水化合物向块茎中运输和块茎中淀粉的积累,从而提高马铃薯产量和品质。

钾在马铃薯生长发育中通过参与同化物的合成、转运和分配,对马铃薯的生长发育及产量形成有重要作用。据报道,钾在块茎和其他作物块根中有利于淀粉和糖的积累,特别是茎部;叶片含钾量高,有利于叶片中有机物质迅速转移到块茎中去。阎献芳等(2005)的试验表明,施钾肥可以增加马铃薯薯块中钾与淀粉的含量,提高马铃薯的耐储性,间接提高马铃薯的经济效益。郭志平(2002)研究认为,追施钾肥能明显提高马铃薯的产量、淀粉含量和商品率,提高生育后期叶片叶绿素含量和光合强度,延缓生育后期的衰老,延长生育期。不同时期追施钾肥的效果不同,以现蕾初期追施钾肥效果最佳;他的后期研究也报道在当地习惯施肥基础上增施钾肥对产量、品质指标和相关生理指标的作用呈正相关,其产量提高与大中薯率提高相关关系极密切;此外,增施钾肥还提高了块茎膨大后期的净同化率、叶绿素含量和根系活力(郭志平,2007)。不同生育时期,钾对马铃薯株高、根和叶的干重均有促进作用。

(3)钾素对马铃薯产量和品质的影响

钾是马铃薯灰分中含量最多的元素,占灰分总量的50%~70%。钾素营养对马铃薯产量的影响研究均表明,施钾能够提高马铃薯产量。钾肥最佳施用量因各地区土壤肥力状况、品种、气候条件等而差异明显。徐德钦(2007)研究得出丽水最佳施钾量为180 kg/hm²,陈洪等(2010)发现广东省惠东县钾肥最佳施用量为380 kg/hm²。钾对马铃薯的增产效果主要通过增加单株结薯个数、提高大中薯比例和延长马铃薯生育期来实现的。马铃薯对钾的吸收有最适量,当氮、磷、钾比例为2∶1∶3时,马铃薯较不施钾肥增产19.1%,而当氮、磷、钾比例为2∶1∶5时,马铃薯减产6.5%,说明适合的钾肥用量能提高马铃薯的产量,钾肥用量过高则会影响马铃薯的正常发育,且钾胁迫降低块茎产量主要与块茎中水分含量减少有关(李玉影,1999)。

氮钾互作可通过改善"源库"关系提高马铃薯的产量,适宜的氮钾配合能提高块茎产量与商品薯率,缺钾或施氮过多,马铃薯单株块茎数显著增加,而单株大块茎数、单株块茎重、平均块茎重、最大块茎重、平均产量和商品薯率等指标明显降低;但氮钾比过低又会使马铃薯产量因子指标下降,降低马铃薯的商品性。氮钾互作对马铃薯植株氮、钾含量有明显影响,低氮时增钾能明显提高植株钾含量,高氮时增钾则降低植株钾含量,只有适宜氮、钾配合才可促进植株对钾的吸收。此外,氮素过多与钾素的吸收之间存在着竞争性的抑制作用,而且增加钾素的淋洗损失,适宜的氮、钾配合通过加快植株生长,调控植株对营养元素的利用,改善氮钾比,促进光合产物向块茎转移,从而加快块茎膨大,并能提高品质。

合理施用钾肥可改善作物体内的钾素营养状况,不仅有利于糖类物质合成,而且能够加速植株地上部分茎、叶养分向地下输送,有利于块茎中养分的积累,促进淀粉的移动速率,提高马铃薯耐储藏性。但随着供钾水平进一步提高,淀粉、Vc含量呈下降趋势。由于钾营养可以促进氮的吸收、加强蛋白酶的活性,从而对蛋白质的形成和品质的提高起重要作用。当施肥过程中,氮钾比升高时,马铃薯生育进程延长,健康状态降低,蛋白质含量升高;当氮钾比下降时,块茎干物质、总糖和还原糖等含量趋于增加(郑若良,2004)。

(4)马铃薯各生育期对钾的吸收、积累和分配规律

马铃薯对钾素的吸收速率呈单峰曲线变化,峰值出现在块茎增长期,进入淀粉积累期后,钾的吸收速率迅速下降,至成熟期有一定量的钾素外渗并随叶片的脱落而出现"流失"。马铃薯钾素吸收速率的变化与块茎的形成与代谢规律一致。因为钾在马铃薯植株体内与光合产物的运输相关,在块茎增长期和淀粉积累期均有大量的光合产物运输到块茎中,供块茎的建成和储藏物质的积累,因而植株对钾的吸收速率最高。不同密度和施肥处理下,随着种植密度增大,个体营养面积减少,吸收速率降低,适量增施氮、磷、钾肥提高了马铃薯对钾素的吸收速率。马铃薯对钾素的最高吸收速率可达130.81 mg/(株·d),峰值出现在齐苗后47 d左右(盛晋华等,2003)。

在不同种植区,马铃薯各器官钾素变化规律存在差异。曹先维等(2013)发现,冬作区广东省马铃薯茎、叶钾素浓度显著高于块茎;叶中钾素浓度在齐苗后25 d左右达到峰值然后降低;茎中钾素浓度出现双峰值后慢慢上升;块茎各钾素浓度在齐苗后35 d左右最高,然后下降。如图1.5所示,盛晋华等(2003)观察到内蒙古马铃薯各器官钾素浓度随生长发育进程均呈现递减变化,且茎中钾素浓度始终高于叶片和块茎,而块茎和叶片的钾素浓度差异较小。因此,在高产栽培条件下,必须适量适时供应钾素,以满足马铃薯生长发育对钾素的需求。在幼苗期和块茎形成期因植株较小而积累量少,从块茎增长期开始,钾素积累量直线升高,并在淀粉积

累期达到峰值,此后随着叶片的衰老、脱落,发生钾的转移和流失,使钾的积累量有所下降。

各研究者关于钾素在马铃薯各器官的分配规律上的研究结果基本一致。如图1.6所示,钾素在叶片中的分配率以齐苗后5 d左右为最高,可达到60%左右,此后随着生育进程的推移,不断下降至成熟期的10%左右;钾素在茎中的分配在齐苗后20 d左右最高,整个生育期间呈递减变化,即幼苗期的40%左右缓慢下降到成熟期的10%左右;块茎形成进入增长期后,钾素的分配率一直呈上升趋势,大量的钾素转移到块茎中,用于块茎的建成和储存,到成熟期,大约有70%的钾素最终储存在块茎中(盛晋华等,2003;曹先维等,2013)。

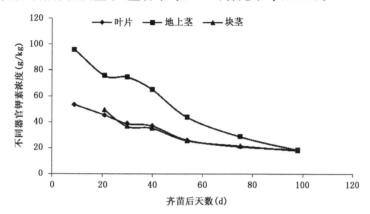

图1.5 马铃薯不同器官不同生育阶段钾素浓度变化规律

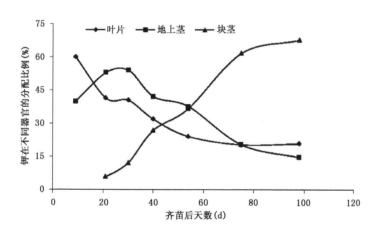

图1.6 马铃薯不同生育阶段不同器官钾素分配比例

1.3 马铃薯对中量营养元素的吸收

1.3.1 钙素营养

(1)钙素的生理作用

钙是植物体内的必需元素,是构成细胞壁的重要元素;它与蛋白质分子相结合,是质膜的重要组成成分;此外,钙还是某些酶的活化剂,因而影响植物体的代谢过程。钙对调节介质的生理平衡具有特殊的功能。在盐胁迫下，植物叶片的含水量会下降，此时若用硝酸钙处理，发现叶片中的含水量能明显地提高（张士功，1998）。施钙能够缓解盐胁迫对植物细胞分裂的抑制作用，增加多糖含量，能够增加植物干重、鲜重等，植株生长更加健壮（Peter et al.，2006）。钙能中和植物新陈代谢生成的有机酸，形成草酸钙、柠檬酸钙、苹果酸钙等不溶性有机钙，调节pH值，稳定细胞内环境。Ca^{2+}能降低原生胶体的分散度，调节原生质的胶体状态，使细胞充水度、黏滞性、弹性及渗透性等适合于作物生长（杨廷良等，2004）。

钙对植物内源激素也起调节和修饰的作用，Epstein（1988）研究发现，钙和多种激素存在关系，认为钙会影响植物激素的运输等过程。目前有研究发现，高浓度的钙能够抑制乙烯的合成，延缓衰老（尚忠林等，2003）。

钙能减少自由基对膜系统的伤害，也有人认为钙能避免与衰老有关的膜的微黏性的增加，钙在膜中是作为磷酸和蛋白质的羧基间联结的纽带而起作用的。据关军锋（1991）报道，钙处理能提高超氧化物歧化酶的活性，降低膜脂化物丙二醛的含量，从而保护膜结构的完整性。李湘麒等（2001）认为，钙对膜系统的作用主要体现在以下三个方面：①在钙缺乏条件下会导致细胞膜系统衰退；②钙能够改变膜原有结构，能够引起自然或人工磷脂膜的流动性和水的渗透性发生巨大变化；③钙能够改变与膜功能有关的生理活性。

(2) 马铃薯对钙的吸收和利用

植物一般通过根系来吸收土壤中的Ca^{2+}，钙的吸收通常是被动的。土壤中钙的含量高于钾含量10倍还多。然而，植物对土壤中钙的吸收通常低于植物对钾的吸收。植物较低钙吸收率的发生主要因为Ca^{2+}仅能通过幼嫩根尖所吸收，幼根中内皮层细胞壁还没有木栓化。Ca^{2+}的吸收也可能由于离子之间的竞争，根部产生H^+优先与NH_4^+、K^+和Mg^{2+}发生离子交换，它们都能迅速与H^+交换被根系吸收，使得钙的吸收较困难，导致植物对钙的吸收减少。

马铃薯根、茎、叶中钙的含量占干重的1‰～2‰，但在块茎中的含量只有1～2 g/kg。钙对马铃薯具有双层作用，一方面作为营养元素之一，供植株吸收利用，另一方面能够促进土壤有效养分的形成，中和土壤酸性，抑制其他化学元素对马铃薯的毒害，从而改善土壤环境，促进马铃薯生长发育。马铃薯主要通过主根吸收Ca^{2+}，然后由主要茎通过蒸腾流输送到植物的各个器官（Kratzke et al.，1986），但研究发现，马铃薯主根系统吸收的Ca^{2+}很少能直接输送到马铃薯的块茎中，利用Ca^{2+}示踪的方法发现，Ca^{2+}可以通过渗透和扩散作用直接从块茎的周皮进入到块茎中去。利用番红精处理马铃薯的地下部分，发现马铃薯块茎中的钙主要是通过块茎根和匍匐茎根进行吸收的，块茎的周皮可以通过渗透和扩散作用吸收一部分Ca^{2+}，但Ca^{2+}传递到中心的时间比较长，一般需要1～5 d的时间，故要提高块茎中的钙水平最好的方法是进行高钙品种的选育，另一种方法就是钙肥的施用，但钙肥一定要放到块茎的周围，否则效果不明显。

马铃薯块茎吸收钙的方式，目前有两种看法。Kratzke（1988）和Westermann（2005）通过染料试验证明马铃薯块茎通过匍匐茎和块茎上的根毛吸收钙，也可通过块茎表皮吸收。Habib（2000）通过^{45}Ca同位素示踪试验，证明钙可以通过根进入马铃薯块茎。在与匍匐茎和块茎紧密接触的土壤中施用可利用的钙，是增加马铃薯块茎钙水平最有效的方式，在块茎形成期施用钙肥是最佳的施肥期。

如表1.1所示，马铃薯在各生育时期叶、茎中钙含量均高于块茎；叶中钙含量在整个生育期表现为向上的S形曲线，最大值31.89 g/kg出现在成熟期；茎中钙含量呈现为先降后升的变化趋势,苗期钙含量最大为 23.83 g/kg。随着生育期的推进,块茎中钙含量逐渐下降,最大值 2.58 g/kg 出现在出苗后 32 d,到成熟期又有所增加。全株钙含量在整个生育期中呈现为下降趋势,苗期含量最大为 20.83 g/kg,成熟期含量最小为 5.55 g/kg,下降了 73.4%。杜强 (2013)通过研究钙对马铃薯植株生长及块茎的品质影响发现,随着钙肥施用量的增加,植株的长势、块茎钙含量、叶片中叶绿素含量和可溶性蛋白质含量均呈现先增加后降低的趋势,均以氯化钙施用量为 20 kg/hm^2 时效果最优;适量施用钙肥亦可延缓叶片衰老,为增产奠定基础;此外,钙肥能够显著提高植株干物质、块茎可溶性蛋白、淀粉和 Vc 含量,降低还原糖含量从而改善马铃薯品质;同时,钙还可有效提高储藏期马铃薯块茎的耐储性和稳定块茎品质。

表 1.1 马铃薯不同时期、不同器官中钙含量变化(g/kg)

器官	齐苗后天数(d)						
	18	32	47	63	76	93	107
叶	18.05	22.04	26.83	22.15	25.15	27.17	31.89
茎	23.83	22.11	18.28	14.34	12.81	14.5	15.81
块茎	—	2.58	2.27	2.24	2.03	1.85	1.92
全株	20.83	14.94	12.87	10.55	9.37	7.36	5.55

1.3.2 镁素营养

(1)镁素的生理作用

镁对植物生长及新陈代谢是一种必要的营养元素,对马铃薯植株中糖的运转也是必要的。镁是叶绿素分子的中心原子,位于叶绿素分子结构的卟啉环中心,在类卟啉原Ⅲ被氧化成原卟啉Ⅸ时导入镁离子,形成 Mg-原卟啉,再进一步转化形成叶绿素,镁对光合作用来说是必不可少的。缺镁时,叶绿素含量减少,叶色褪绿,光合作用受阻。镁离子和钾离子在光合电子传递过程中共同作为氢离子的对应离子,维持类囊体的跨膜质子梯度。在植物组织中,70%以上的镁与无机阴离子(硝酸根、氯根、硫酸根)和有机阴离子(苹果酸、柠檬酸)相结合,呈易扩散态;另一部分与非扩散阴离子(草酸、果胶酸)结合形成难扩散态物质。

镁是核糖体的结构组分,参与蛋白质和核酸的合成,且是生物固氮过程必需的营养元素。植物缺镁时,植株中蛋白质氮含量降低,而非蛋白质氮增加。镁通过活化谷氨酰胺合成酶参与谷氨酸、谷氨酰胺的合成过程,而且在氨基酸活化、转移、合成为多肽的过程中也是不可缺少的。镁还能稳定核糖体颗粒在蛋白质合成中所需的构型。

镁是多种酶的辅助因子。这些酶在二氧化碳同化中起作用,碳水化合物代谢中几乎每种磷酸化酶的最大活性都需要镁激活。若供镁不足会影响二氧化碳同化,继而影响光合作用。叶绿体中 1,5-二磷酸核酮糖(RuDP)羧化酶的激活中镁也有重要作用。镁提高了酶与二氧化碳的亲和性。镁在三磷酸腺苷(ATP)或二磷酸腺苷(ADP)的焦磷酸盐和酶分子之间呈桥式结合,ATP 酶的活化就是通过这种复合物引起的。ATP 酶可利用这种复合物转移高能磷酰基。涉及三磷酸腺苷(ATP)磷酸转移的大多数反应都需要镁。一般认为,镁与磷酸功能团生成螯合结构,构成一种在转移反应中达到最大活性的构型。因能量转移的基本过程发生于光合作用、糖酵解、三羧酸循环和呼吸过程中,所以镁在光合作用、糖酵解和三羧酸循环等几乎所有磷酸化过程的酶促反应中起辅助因素作用。

(2)马铃薯对镁的吸收和利用

土壤中的 Mg^{2+} 随质流向植物根系移动。以 Mg^{2+} 的形式被根尖吸收,细胞膜对 Mg^{2+} 的透过性较小。植物根吸收镁的速率很低。镁主要是被动吸收,顺电化学势梯度而移动。镁越过原生质膜主动吸收的机制差,因此植物吸收镁与呼吸作用关系不大,而与蒸腾作用关系较大。植物吸收镁时与铵、钾等阳离子发生竞争。进入植物体中的镁离子在木质部中随蒸腾流很快向上移动,因其韧皮部汁液中浓度较高,所以也容易在韧皮部移动,能从老叶转移到幼叶和顶部,因此镁的再利用程度较高。

镁元素在马铃薯生长发育和产量品质形成中具有重要的生理功能。如表1.2所示,马铃薯全生育期各器官镁含量基本为叶>茎>根及块茎,整个生育期期间根、茎、叶、块茎中镁含量变化范围分别为 6.15～9.61 g/kg、14.47～19.15 g/kg、12.12～19.36 g/kg 和 0.79～1.02 g/kg;全株镁的累积吸收量随生育进程的推进呈二次曲线变化,在出苗后 31～40 d(块茎形成期)镁吸收量达到最大值;马铃薯生育期间对镁的吸收速率最大值出现在块茎形成期(出苗后 31～40 d),平均每天吸收镁 3.44 kg/hm²;随着马铃薯生育期的推进和生长中心的转移,镁在马铃薯各器官的分配也发生相应的变化,全生育期镁在各器官的分配以叶、茎为主;根与块茎很少,收获时镁主要储存在茎与叶中,大约有90%以上的镁分配在茎叶中。在试验产量水平下,平均每生产 1000 kg 块茎需吸收镁元素 3.860 kg(赵永秀等,2010)。马铃薯的根、茎、叶中镁的含量约为干重的 0.4%～0.5%,生育期期间茎、叶中镁的含量一般不下降,还略有增加,主要是因为镁离子极不易进入韧皮部从茎叶中输出的缘故。

表1.2 马铃薯不同时期、不同器官中镁含量变化(g/kg)

器官	齐苗后天数(d)								
	10	20	30	40	54	64	75	85	95
根	7.32	9.61	8.09	7.46	7.72	7.04	8.15	6.42	6.15
茎	17.83	19.15	16.7	17.57	17.4	14.47	18.49	16.22	16.04
叶	12.49	12.12	15.88	17.69	12.53	14.88	17.58	19.36	14.17
块茎	—	—	—	0.96	0.79	0.89	1.02	0.99	0.81

马铃薯施用镁肥有显著的增产效果,研究表明镁对马铃薯费乌瑞它的增产效果极显著,增产 28.6%～20.6%(范士杰等,2008)。合理施用镁肥还能够提高块茎粗蛋白、可溶性糖及淀粉含量,且块茎氮、钾、镁等养分含量也有一定程度的提高,在珠三角地区冬种马铃薯适宜的镁肥施用量为 75 kg/hm²(黄继川等,2014)。

1.3.3 硫素营养

(1)硫素的生理作用

硫是构成蛋白质的重要元素,它的作用仅次于磷。硫在植物体内许多功能与氮相似,是构成半胱氨酸、胱氨酸和蛋氨酸的成分;含硫的有机物参与氧化还原过程并对叶绿素的形成有一定作用。硫以氧化态形式进入作物体内,但在形成氨基酸等化合物过程中,通常被还原为硫氢基,这些氧化还原反应大都在叶片中进行。硫对植株生理生化作用主要表现为以下几点:

1)硫与光合作用。硫素营养在作物光合作用中的作用,主要表现在以下几方面:以硫脂方式组成叶绿体基粒片层;硫氧还蛋白半胱氨酸—SH 在光合作用中传递电子;形成铁氧还蛋白的铁硫中心参与暗反应 CO_2 的还原过程(Harwood,1980);硫还是铁氧还蛋白的重要组分,在光合作用及氧化物如亚硝酸根的还原中起电子转移作用(王庆仁等,1996)。

2)硫与酶活性。辅酶 A 在能量转化与物质代谢过程中的作用也早已被证实,其组分中的—SH 基是脂酰基的载体,对脂肪酸和脂类代谢具有十分重要的作用(陈克文,1982)。在对硫素营养与植物氮代谢的关键酶硝酸还原酶的活性的关系研究中发现,叶片中可溶性蛋白含量随硫素营养的增加而增加,这与硝酸还原酶活性变化趋势相对应。说明缺硫胁迫引起硝酸还原酶活性下降,导致蛋白质合成受阻,植物体内非蛋白氮含量相应增加(王庆仁等,1996)。

3)硫与氨基酸、蛋白质的合成。硫是组成蛋白质的半胱氨酸、胱氨酸和蛋氨酸等含硫氨基酸的重要组成成分,其含硫量可达 21%～27%(张英聚,1987)。蛋白质的合成胱氨酸、甲硫氨酸的缺乏而受到抑制。施硫能提高作物必需氨基酸,尤其是蛋氨酸的含量(Randall,1988),而蛋氨酸在许多生化反应中可作为甲基的供体(陈防等,1994)。它不仅是蛋白质合成的起始物,也是评价蛋白质质量的重要指标。另有试验表明,缺硫会导致含硫氨基酸含量降低,而其他氨基酸尤其是精氨酸的含量增加(马友华等,1999);与此同时,植物体内游离氨基酸的总量和非蛋白态氮的含量提高,而蛋白态氮的含量下降(王才斌等,1996)。

4)硫的其他作用。硫在作物生长发育中发挥着其他元素不可替代的作用,它还参与植物的呼吸作用、氮素和碳水化合物的代谢,并参与胡萝卜素和许多维生素、酶的形成。在改善植物对主要营养元素的吸收方面,硫也发挥着重要的作用(刘存辉等,1998)。它与氮、磷、钾和硒等元素的交互作用较为密切,如前所述,氮、硫两元素在生理代谢,特别是蛋白质合成方面就表现出高度的互助关系。

(2)马铃薯对硫的吸收和利用

植物根系主要以硫酸根阴离子(SO_4^{2-})形态从土壤中吸收硫,硫主要通过质流,极少数通过扩散(有时可忽略不计)到达植物根部。植物叶片也可以直接从大气中吸收少量二氧化硫气体,不同作物的需硫量不同。一般认为硫酸根通过原生质膜和液泡膜都是主动运转过程,吸收的硫酸根大部分位于液泡中,通过气孔进入植物叶片的二氧化硫气体分子遇水转变为亚硫酸根阴离子,继而氧化成硫酸根阴离子,被输送到植物体各个部位,硫在植株体内的运输主要以 SO_4^{2-} 的形态进行,但也有少量的硫以还原硫的形态运输,如半胱氨酸(Cys)、谷胱甘肽(GSH)等。硫进入质体后或进行同化,或储存在液泡中,或为满足源/库需求而在器官间长距离运输,这些过程都需要特异的硫酸盐运输蛋白(Leustek et al.,2000;Leustek et al.,1999)。这包括根系细胞最外层的质膜运输蛋白、维管组织质膜运输蛋白、叶中叶肉细胞质膜运输蛋白、细胞器特别是质体和液泡运输有关的运输蛋白(Saito,2004),这些蛋白的合成受遗传因素和环境条件共同影响,因此即使是同种作物,对硫素的需求也不相同。硫酸根的吸收和积累速度还与外界溶质和细胞中硫素的浓度有关:硫素供应充足,细胞质中的浓度高,吸收的速度放慢,硫素在植株体内的积累速度减缓,这是一种由酶控制的反馈调节作用。植物硫素同化过程包括:活化阶段、还原阶段和 Cys 合成阶段。

如表 1.3 所示,马铃薯全生育期内各器官含硫量始终以叶片最高,茎其次,块茎最低;随着生育进程的推移,叶片硫素浓度呈单峰曲线变化,峰值出现在块茎形成期,达 3.51 g/kg;茎中硫含量呈现出"升—降—升"的变化趋势,在成熟期达到最大值 2.20 g/kg;块茎中硫含量表现为先缓慢下降后缓慢上升的趋势,到成熟期出现最大值 1.30 g/kg;全株硫含量随着生育期的推进表现为逐渐下降的趋势,变化范围为 1.48～2.49 g/kg,下降了 40.6%(白艳姝,2007)。

生育期期间马铃薯对硫素的吸收速率随生育进程的推进呈二次曲线变化,峰值出现在块茎形成期。但直到块茎增长期仍保持较高的吸收速率。整个生育期期间马铃薯每天每公顷吸硫量变化范围为 0.06~0.28 kg(冯琰等,2006)。

表 1.3 马铃薯不同时期、不同器官中硫含量变化(g/kg)

器官	齐苗后天数(d)						
	18	32	47	63	76	93	107
叶	3.01	3.51	3.46	3.10	2.78	2.54	2.26
茎	1.94	2.16	2.07	1.90	1.77	2.11	2.20
块茎	—	1.15	1.07	1.02	0.98	1.11	1.30
全株	2.49	2.21	1.93	1.77	1.54	1.48	1.48

马铃薯全株硫的累积吸收量随生育进程的推进呈二次曲线变化,至块茎增长期硫素累积吸收量已达全生育期的近 2/3,在淀粉积累期硫素累积量达到最大值;块茎形成至块茎增长期是马铃薯一生中硫素吸收速率最快、吸收数量最多的时期,占吸硫总量的 85.84%;生育期期间硫素在马铃薯各器官的分配随着生长中心的转移,发生相应的变化,块茎增长期之前叶片中分配最多,其次为茎,块茎中最少,之后则是块茎中最多,茎其次,叶片中最少;硫在叶片中的分配率随生育进程逐渐降低,块茎中硫的分配率则为直线增长,茎中硫的分配率变化表现为单峰曲线,峰值出现在块茎形成期;一般而言,每生产 1000 kg 块茎需要吸收硫约 0.26 kg(冯琰,2006)。

增施硫肥可提高马铃薯产量、叶绿素含量及单株叶面积;同时增施硫肥可提高马铃薯 Vc 含量、可溶性糖含量和蛋白质含量,降低马铃薯淀粉、还原糖含量(冯琰等,2006)。

在施氮、磷、钾肥的基础上增施一定量的硫肥,对马铃薯的农艺性状有不同程度的优化,有利于马铃薯增收增效。郦海龙(2008)则指出,不论在高氮肥条件下还是在低氮肥条件下,施硫肥都有利于马铃薯增产;氮硫互作是增加马铃薯产量、缓解氮肥过量副作用的一条有效途径。

1.3.4 硅素营养

(1)硅素的生理作用

到目前为止,虽然还没有足够的证据证明硅是高等植物生长发育的必需营养元素,但硅对某些高等植物生长的有益作用得到越来越多的证实。硅对植物生长的有益作用可归纳如下几点(陆景陵,2003):

1)参与细胞壁的组成。硅与植物体内果胶酸、多糖醛酸、糖脂等物质有较高的亲和力,形成稳定性强、溶解度低的单、双、多硅酸复合物并沉积在木质化细胞壁中,增强组织的机械强度与稳固性,抵御病虫害的入侵。

2)影响植物光合作用与蒸腾作用。植物叶片的硅化细胞对于散射光的透过量为绿色细胞的 10 倍,能增加阳光吸收,从而促进光合作用。硅化物沉淀在叶片细胞壁与角质层之间,能抑制植物的蒸腾,避免强光下过多失水造成萎蔫症状。

3)提高植物抗逆性。不少研究表明,硅在提高植物耐锰毒、铝毒、镉毒、过量锌和盐害中有重要作用。在植物细胞壁和质外体中有较高浓度的硅,这些硅可降低毒害离子的浓度。

4)与其他养分的相互作用。高氮容易造成植株的机械支撑力减弱、组织柔软,从而使植株易倒伏和遭受病虫害等。施硅肥可以增强植株的刚性,降低倒伏性。

植物对硅与磷的吸收表现出一定的竞争效应。缺硅时植株对磷的吸收成倍增加,在磷过多时,增加硅可以减少植物对磷的吸收,避免磷过多影响植株的正常成熟。在长距离运输中,硅与磷之间又有一定的相助作用。

(2)马铃薯对硅的吸收和利用

硅是地壳中含量最多的元素之一,从数量上看,土壤中硅含量很高,但其溶解度却很低。不同科属植物对硅素吸收能力大相径庭,吸收量差异悬殊。高等植物主要吸收分子态的单硅酸。植物基因型差异对硅吸收的影响很大,此外,外界环境条件也有明显的影响。通常土壤溶液中的硅酸含量与植物的吸硅量成正比,土壤 pH 值影响土壤溶液中硅酸的浓度,当土壤 pH 值由 6.8 降至 5.6 时,燕麦植株的含硅量可从 1.68% 提高到 2.77%;酸性土壤施用石灰后,可降低水稻、大麦、甘蔗、黑麦草对硅的吸收。适量增加土壤养分,也可促进植物对硅的吸收(陆景陵,2003)。

植物体内硅的长距离运输仅限于木质部。它在地上部茎叶中的分布取决于各器官的蒸腾率,对于某一特定器官,如叶片、叶龄则是决定因素。硅主要存在于质外体。当表皮细胞外壁有坚硬的硅层时,可以阻碍真菌侵染和降低角质层水分的散失。在长距离运输中,硅也沉淀于木质部导管的细胞壁中,增加导管的强度,抵抗高蒸腾的挤压作用。

硅肥对马铃薯具有一定增产效果,无论硅肥作基肥还是追肥都能够提高马铃薯产量;植株株高、干重、鲜重、生根数和根长随着硅浓度的提高而显著增加;施用硅肥有利于提高束缚水与自由水之比;叶绿素增多,呼吸作用减慢;细胞壁提取率显著增高,细胞壁中纤维素含量显著上升,螯合剂提取果胶含量显著下降(房江育等,2006)。

1.4 马铃薯对微量营养元素的吸收

1.4.1 锌素营养

(1)锌的生理作用

锌是生物必需的微量元素,在高等植物体内主要生理作用如下。

1)锌是某些酶的组成成分和活化剂,参与生长素的代谢和光合作用,促进蛋白质代谢。现已发现,锌是多种酶的组分,如乙醇脱氢酶、碳酸酐酶和 RNA 聚合酶等都含有结合态锌,乙醇脱氢酶是高等植物体内一种十分重要的酶。在有氧条件下,高等植物体内乙醇主要产生于分生组织(如根尖),缺锌时植物体内乙醇脱氢酶活性降低。锌也是多种酶的活化剂,在生长素形成中,锌与色氨酸酶的活性有密切关系。缺锌时作物体内吲哚乙酸的合成锐减,尤其是芽和茎中的含量明显减少,作物生长发育出现停滞状态。这说明色氨酸合成需要锌,也有报道认为不是色氨酸合成需要锌,而是色氨酸合成吲哚乙酸时需要锌。

锌还参与呼吸作用及多种物质代谢过程,锌通过酶的作用对植物碳、氮代谢产生相当广泛的影响。锌过多会干扰植物叶绿素的合成,阻碍光系统的电子传递,抑制希尔(HILL)反应,进而影响植物的光合作用(Guliev et al., 1992)。在碳酸酐酶合成过程中,锌是不可缺少的元素,在植物光合作用中碳酸酐酶起着重要的作用,它是普遍存在于动植物体中的一种酶,催化光合作用中可逆的二氧化碳水合反应。Moroney 等(2001)研究发现,这个可逆反应在没有酶催化的条件下进行得很慢,而当有碳酸酐酶催化时,无机碳在溶液中的转化速率提高,极大地促进了溶解在溶液中的 CO_2 的水合反应。Chapman 等(1981)研究认为,细胞内 CO_2 快速水合的结果有助于 CO_2 快速运输到光合作用活跃的细胞,促进光合作用,提高光合速率。

2)锌可提高抗逆性。锌可增强植物对不良环境的抵抗力。它既能提高植物的抗寒性,又能提高植物的抗热性。与植物抗性相关的因素很多,其中有一种很重要的与抗性相关的蛋白质就是锌指蛋白。锌指蛋白是一类具有指状结构域的转录因子(Palmiter *et al.*,1995)。根据半胱氨酸(C)和组氨酸(H)残基的数目和位置,可将锌指蛋白分为 C_2H_2,C_2HC,C_2C_2,C_2HCC_2,$C_2C_2C_2C_2$ 等亚类。C_2H_2 型锌指蛋白是研究得最多也是最为清楚的一类锌指蛋白。它能识别特定靶 DNA(Takatsuji,1998),参与植物各个时期的生长发育,并在环境胁迫下促进特殊基因的表达。

(2)马铃薯对锌的吸收和利用

植物通过根系从土壤中吸收锌的速率与根系周围的离子环境有关。土壤中的可溶性锌是植物最容易吸收利用的形态,主要以质流和扩散的方式进入根圈区域。根系周围的离子环境是人为可控的,可以通过施化肥或有机肥来调节。当锌离子进入根圈以后,锌转运蛋白在锌的吸收和转运中就起作用了。负责将锌离子跨膜转运进细胞的是 ZIP(锌铁运转相关蛋白),将过量的锌离子运出细胞或者将锌离子进行隔离,降低锌离子的危害就要靠 CDF(阳离子扩散辅助基因)基因家族。

如表 1.4 所示,高炳德等(2010)对马铃薯锌素吸收分配规律进行了研究,马铃薯全生育期中全株及各器官锌素含量呈下降趋势,马铃薯全生育期全株锌平均含量 39.8 mg/kg,苗期 57.0 mg/kg,收获期(出苗后 98 d)降至 28.4 mg/kg,降幅 56.5%。对各个器官进行比较,茎中锌含量最高,全期平均 49.8 mg/kg,变幅较大;叶次之,全期平均 44.3 mg/kg;块茎最低,全期平均 27.3 mg/kg,变幅也最小。收获期茎、叶、块茎中锌平均含量分别为 41.7 mg/kg,34.8 mg/kg,25.0 mg/kg。

随着生育期的推进,在吸收数量上表现出"少一多一少"的变化趋势,吸收速率上具有"慢一快一慢"的变化规律。全株、茎、叶锌素吸收量的变化规律可用一元三次方程表达,块茎锌吸收量变化适宜用 Logistic 方程模拟。块茎形成期是全株锌素吸收数量最多、吸收速率最快的时期,锌素吸收速率最快出现在齐苗后 50 d。齐苗后 50~80 d 的块茎增长期是块茎锌素吸收数量最多、吸收速率最快的时期,其锌素最快吸收速率出现在齐苗后 70 d,块茎形成期是喷施锌肥的关键时期。全株锌最大吸收量出现在出苗后 91 d。随着生长中心由茎叶向块茎转移,锌在植株体内的分布也相应由茎叶向块茎移动。收获期锌素体内运转率 63%,茎叶仅分布 37%。每生产 1000 kg 块茎需吸收锌 5.3~12.9 g,马铃薯锌的消耗系数范围为 0.0021~0.0052(高炳德等,2010)。

幼苗期,锌在叶片建立光合体系中发挥作用尤为重要,在马铃薯块茎形成期叶面喷施不同浓度的锌肥具有降低株高、增加茎粗和叶面积的作用,而且可使开花期提前,枯黄期延后,生育期延长 6~8 d。李华(1997)指出,锌肥作为种肥施用时有加速生长发育的作用,一般花期提早 5~7 d,生育成熟期提前 3~4 d,早结薯、早上市提高了马铃薯的经济价值。施锌肥使马铃薯淀粉含量、干物重、产量、结薯数、平均块重、大块重、蛋白质和各生育期叶绿素含量都有增加趋势,增加了马铃薯的耐储性和商品价值。

表 1.4 马铃薯不同时期、不同器官中锌含量变化(mg/kg)

器官	齐苗后天数(d)						全期
	20	34	50	65	80	98	
叶	51.8	51.1	46.7	43.4	37.9	34.8	44.3
茎	61.7	59.1	51.6	45.8	38.6	41.7	49.8
块茎	—	30.9	29.5	26.3	23.9	25	27.3
全株	57	46.9	41.3	36	29	28.4	29.8

1.4.2 硼素营养

(1) 硼的生理作用

硼能参与细胞壁的合成,促进细胞伸长和分裂、碳水化合物的运输和代谢、促进繁殖器官的正常发育及分生组织的良好发育,提高根瘤作物根瘤菌的固氮能力,增强作物的抗逆性。硼与细胞壁组分生成多羟基化合物可增强细胞壁的稳定性。通过这种作用,硼影响生长迅速的分生组织、花粉管的稳定性、花粉的萌动及生长。硼的直接作用与花药的花粉产生能力及花粉粒生活力有密切关系。硼能刺激花粉萌发,特别是花粉管伸长。花是植物体含硼量最高的部位,尤其是柱头和子房。硼的间接作用可能与花蜜中糖量增高及其组成的变化有关。硼可促进植株生殖器官的发育。

硼在原生质膜上创造出稳定正电荷或叫"空穴",加速了带负电荷的生长物质和代谢物向受体细胞运动。硼能改变植物激素活性,参与保护吲哚乙酸氧化酶系统,促进生长素运转。生长素和硼之间有明显的相互作用,在根系中硼抑制吲哚乙酸氧化酶活性。在吲哚乙酸的刺激作用下,根伸长正常。吲哚乙酸只在维管植物中形成,它参与木质部导管的分化,因此一般对硼的需求也仅限于维管植物。缺硼植物木质化部分削弱。茎形成层组织细胞分裂加强,形成层细胞增生。酚类化合物积累抑制乙酸氧化酶的活性。硼能与酚类化合物络合,克服酚类化合物对吲哚乙酸氧化酶的抑制作用。在木质素形成和木质部导管分化过程中,硼对羧基化酶和酚类化合物酶的活性起控制作用。

硼在碳水化合物代谢中有两个功能:细胞壁物质的合成和糖运输。硼能促进葡萄糖-1-磷酸循环和糖转化。硼不仅和细胞壁成分紧密结合,而且是细胞壁结构完整性所必需。硼和钙共同起"细胞间胶结物"的作用。硼影响 RNA,尤其是尿嘧啶的合成。缺硼植株新叶蛋白质含量降低,这仅限于细胞质,而叶绿体蛋白质含量不受影响,因此缺硼植株失绿并不普遍。硼能增强细胞壁对水分的控制,从而增强植物的抗寒和抗病能力。

(2) 马铃薯对硼的吸收和利用

硼的主要生理功能是促进碳水化合物的代谢、运转和细胞的分裂,进而加速马铃薯植株的生长、叶面积的形成,促进块茎淀粉和干物质的积累,提高块茎产量(门福义和刘梦芸,1995)。硼对作物生长缺乏与过量范围相对于其他营养元素而言较小。硼胁迫会影响马铃薯生长和钙的吸收(Abdulnour et al.,2000)。

如表 1.5 所示,张胜等(2010)在内蒙古土默川平原地区对马铃薯硼吸收规律及施肥的研究结果表明:随着生育期向成熟期的推进,在生育过程中,叶中硼的含量最高,全期平均 40.8 mg/株,茎次之,平均 27.5 mg/株,块茎平均 12.9 mg/株,最低。随着生育期的推进,叶中硼的含量上升 60%，茎含量下降 15%，块茎下降 28%。成熟期叶、茎、块茎中硼含量分别为 52.8 mg/株、27.0 mg/株、10.9 mg/株。马铃薯全株、叶、茎硼吸收量呈典型的上升型 S 形曲线变化，均可用一元三次方程给予模拟，块茎硼吸收量近乎直线型上升，用 Logistic 方程模拟很好。通过吸收动态模型可知全株及各器官最大吸收量、最快吸收速率及其出现时间。

表 1.5 马铃薯不同时期、不同器官中硼含量变化（mg/kg）

器官	齐苗后天数（d）						
	20	34	50	65	80	96	110
叶	33.1	28.7	32.1	34.8	50.9	53.1	52.8
茎	31.7	28.5	28.9	24.5	25.4	26.8	27.0
块茎	—	15.2	13.2	14.5	11.6	11.9	10.9
全株	32.4	23.6	22.4	22.3	23.5	19.8	15.9

马铃薯全株硼最大吸收量为 5.3 mg/株，出现在齐苗后 86 d，最快吸收速率为 0.11 mg/(株·d)，出现在齐苗后 55 d，正值块茎增长期。马铃薯对硼的平均吸收速率 0.034 mg/(株·d)，最快吸收速率 0.14 mg/(株·d)。全期硼平均吸收量为 3.65 mg/株。随着生长中心由茎叶向块茎的转移，硼在茎、叶的分布逐渐下降，块茎中硼的分布逐渐上升。到淀粉积累期（齐苗后 96 d）茎叶分布占 60%，块茎分布占 40%，块茎中硼素平均运转率为 40%。每生产 1000 kg 块茎需吸收硼 5.5～6.1 g，平均 5.8 g（张胜等，2010）。

范士杰等（2008）研究表明，硼对马铃薯费乌瑞它增产效果显著，可增产 7.5%～24.3%；增施硼肥有利于提高马铃薯株高、单株结薯数、商品薯比率、淀粉含量、蛋白质含量；随着硼用量增加，叶绿素含量和光合速率增加，淀粉含量增加，品质得到改善。

1.4.3 其他微量元素

（1）马铃薯对铁的吸收和利用

铁素的营养功能主要为以下几点：①叶绿素合成所必需。铁虽然不是叶绿素的组成成分，但叶绿素的合成需要有铁的存在。在叶绿素合成时，铁可能是一种或多种酶的活化剂。②参与体内氧化还原反应和电子传递。③参与植物呼吸作用。铁还参与植物细胞的呼吸作用，因为它是一些与呼吸作用有关的酶的成分，如细胞色素氧化酶、过氧化氢酶、过氧化物酶等都含有铁。铁也是磷酸蔗糖合成酶最好的活化剂，植物缺铁会造成体内蔗糖合成减少。

如表 1.6 所示，王玉红等（2007）通过田间试验研究马铃薯不同生育时期体内铁的浓度、吸收累积量及其分布的影响发现：马铃薯在不同生育期铁的浓度均表现为叶＞茎＞全株＞块茎，全株铁的浓度从苗期的 899.8 mg/kg 下降到成熟期的 263.3 mg/kg，在整个生育期呈现波浪式变化，在淀粉累积期和成熟期之间较为稳定；全株中铁的浓度在整个生育期中整体有减小的趋势，其他部位随生育时期的不断变化铁的浓度均呈现"W"形变化；在整个生育时期块茎中铁的浓度变化区间为 51.6～103.1 mg/kg，相对较小；茎、叶中铁的浓度变化范围分别为 851.1～1472.8 mg/kg，330.7～1181.8 mg/kg，均在苗期、块茎膨大期、成熟期出现峰值，在块茎形成期和淀粉累积期出现谷值。这可能是由于此时光合作用强烈，在叶绿素的合成过程中消耗了一部分铁，导致这两个时期铁的浓度较低。

表 1.6　马铃薯不同时期、不同器官中铁含量变化 (mg/kg)

器官	齐苗后天数 (d)				
	34	60	63	81	100
叶	1463.0	851.1	1472.8	1204.5	1453.0
茎	986.1	448.8	1181.1	330.7	1053.4
块茎	103.1	51.6	94.6	52.0	67.0
全株	899.8	432.1	588.1	234.8	263.3

马铃薯出苗期占全生育期天数的 34%，铁的相对吸收量为 17.9%；块茎形成期占全生育期天数的 16%，铁的相对吸收量为 44%；块茎膨大期占全生育期天数的 13%，铁的相对吸收量已经达到了 100%，即从块茎膨大期开始铁已经基本停止吸收。铁在生育过程中的吸收积累量具有前期较少、中期较多、后期少甚至停止吸收的规律，生育中期生长旺盛的植物体需要铁参与植物细胞内的氧化还原反应和电子传递，所以吸收累积量会相应增大。马铃薯在不同生育时期铁的分布表现为叶＞茎＞块茎。也只有在成熟期，茎中铁的分布稍有增加，表现为茎＞叶＞块茎。块茎在整个生育期中铁的分布不断增加，但由于铁的移动性差，到淀粉累积期时块茎中铁的分布只有 17.09%。

(2) 马铃薯对铜的吸收和利用

铜是植物必需的微量金属元素，与马铃薯的产量和品质密切相关。铜对马铃薯的生理作用主要有以下几个方面：第一，适宜浓度的铜能够提高马铃薯叶片叶绿素的含量，特别是在开花末期衰老的叶片中仍有较高的含量，这无疑延长了叶片光合作用的时间，使更多的光合产物运入块茎。有研究认为，铜提高叶绿素的含量乃是一种间接的作用，即铜有稳定叶绿素的作用，也可能是提高含铜的超氧化物歧化酶活性消除超氧自由基而使叶绿素免遭破坏。第二，铜是光合电子传递链中电子传递质体蓝素（也称为蓝蛋白）的组分，因此在光合作用中的光反应阶段起着重要功能。正是由于上述两种原因，铜能改善马铃薯的光合性能，因而提高了叶片中可溶性糖的含量。第三，铜是植物体内抗坏血酸氧化酶，多酚氧化酶组分，参与氧化还原过程，有利于有机物质的转化。第四，据有关资料介绍，铜能提高植物体内磷化物的含量，改善植物体内的物质代谢与能量代谢。第五，由于铜对硝酸还原酶活性有一定的提高，有利于植物对氮素的利用，促进蛋白质的合成，可延缓叶片的衰老 (白宝璋等, 1994)。

如表 1.7 所示，马铃薯各器官中铜含量在各个时期也表现为叶＞茎＞块茎。叶中铜含量表现为向上的 S 形曲线，最大值出现在成熟期，达 16.83 mg/kg。茎中铜含量则表现为向下的 S 形曲线，在出苗后 47 d 达到最大值 15.71 mg/kg。块茎中铜含量先降后升，变化范围为 8.49～10.44 mg/kg，其中出苗后 32 d 的含量最高。马铃薯全株中铜含量随着生育期的推进逐渐降低，变化范围为 10.21～13.48 mg/kg，其中从块茎增长末期到成熟期含量基本趋于稳定。马铃薯全株在整个生育期间平均铜含量为 11.62 mg/kg，淀粉积累期是吸收铜最多、最快的时期。马铃薯叶、茎、全株对铜元素的累积吸收量在整个生育期也呈 S 形曲线，茎、叶最大积累量出现在齐苗后 76 d，最大积累量均为 0.68 mg/株；块茎对铜的积累量在成熟期达到最大值，为 1.64 mg/株；齐苗后 93 d，全株铜积累量达到最大值，为 2.62 mg/株 (白艳姝, 2007)。

全生育期平均铜含量在叶、茎、块茎中的分布分别为 28.44%～39.23%，10.67%～18.68%，42.10%～60.89%；收获时马铃薯体内的铜素运转率为 77.85%～94.61%；每生产

1000 kg 块茎平均吸收铜 3.83 g,消耗系数平均为 0.0015,生产效率平均为 265.21(杜祥备等,2011)。

表 1.7 马铃薯不同时期、不同器官中铜含量变化(mg/kg)

器官	齐苗后天数(d)						
	18	32	47	63	76	93	107
叶	15.24	15.47	15.71	15.61	14.55	15.88	16.83
茎	11.6	12.32	12.68	10.68	10.57	10.14	10.31
块茎	—	10.44	9.63	9.58	8.49	9.6	9.78
全株	13.48	12.64	11.99	11.34	10.21	10.41	10.28

另外,一些研究者研究了铜对马铃薯生长及产量形成的影响效应,表明铜具有降低马铃薯株高、增加茎粗、提高体内营养水平的作用,叶面喷施铜肥可以增加叶绿素含量、提高光合速率而最终提高产量,并改变产量性状,提高商品薯率和淀粉含量。采用适宜浓度的铜溶液处理种薯,可以提高马铃薯块茎的产量、光合色素含量、希尔反应活力、光合速率,以及叶片中硝酸还原酶的活性和可溶性糖、可溶性蛋白质的含量;并能改善光合产物在茎枝与块茎之间的分配比率,促进光合产物向块茎运输(白宝璋等,1997)。

(3)马铃薯对锰的吸收和利用

锰能激活三羧酸循环中的某些酶,提高呼吸强度;在光合作用中,水的光解过程需要有锰的参与;此外,锰也是叶绿体的结构成分,缺锰时,叶绿体结构会破坏解体(门福义和刘梦芸,1995)。

如表 1.8 所示,马铃薯不同器官中的锰含量在各生育时期均表现为叶中最高,茎次之,块茎中最低;叶与茎中锰含量变化趋势相似,都呈现为向上的"S"形曲线,均在成熟期达到最大值;茎、叶中锰含量分别为 48.15 mg/kg,109.46 mg/kg,块茎中锰含量先降后升,变化范围为 19.97~22.63 mg/kg,其中苗期含量最高;全株锰含量总体呈下降趋势,从苗期的 50.83 mg/kg 下降到了成熟期的 29.92 mg/kg,下降了 41.1%。叶、茎、全株对锰吸收量呈"S"形曲线变化,在成熟期达到最大值。马铃薯苗期锰分布以茎、叶为主,随生长中心的转移,茎、叶中的分布不断减少,而块茎中的分布不断增多,成熟时块茎中的分布达到最大值(白艳姝等,2007)。

表 1.8 马铃薯不同时期、不同器官中锰含量变化(mg/kg)

器官	齐苗后天数(d)						
	18	32	47	63	76	93	107
叶	61.28	71.46	79.64	79.75	75.14	100.1	109.49
茎	39.64	45.88	37.02	39.26	39.32	41.39	48.15
块茎	—	22.63	21.16	21.14	19.97	20.14	20.89
全株	50.83	45.21	39.54	40.34	35.73	33.62	29.92

马铃薯对锰的缺乏极其敏感,需要量也很高。宋志荣(2005)通过浸种试验得出适量的硫酸锰浓度(0.01%~0.05%)可以促进马铃薯的生长发育和干物质积累,提高叶绿素、叶片可溶性糖含量和叶片转化酶活性,增强抗逆性,有利于马铃薯幼苗建成,从而提高块茎产量和品质;但锰素过多又会产生不利影响。李华等(2006)在山西石灰性褐土上研究得出,马铃薯高产、优

质高效的配方施肥方案中硫酸锰用量为 92.54～126.27 kg/hm^2。此外,叶面喷施适量硫酸锰(0.05%～0.5%)能够促进马铃薯株高的增加、茎粗增大、单株叶面积的提高及地上部干重的增加,促进马铃薯根系发育,表现为根数量增多、根体积增大、提高根系活力、根干重增加,利于马铃薯植株形态建成,增强光合作用,提高总叶绿素含量、光合速率(林晓影等,2010)。

1.5 马铃薯对稀土元素的吸收

1.5.1 稀土元素的生理作用

稀土元素是化学元素周期表中的镧系元素及与其化学性质极为相似的钪(Sc)和钇(Y)共17种元素的总称,又名"农乐益植素",实践证明稀土元素对多种作物具有明显的增产效果,20世纪70年代以来,我国学者系统而深入地开展了稀土元素在农业上的应用效应研究,对稀土元素作用机理的研究也取得了较大的进展。稀土元素对植株的生理作用主要有以下几点(宁加贲,1994)。

1)促进种子的发芽。种子萌发过程中,稀土的促进作用主要是促进淀粉酶活性的提高;其中 α 淀粉酶活性提高 4%,β 淀粉酶活性提高 11.67%,总活性可提高 11.5%。当稀土元素浓度过高时会产生抑制作用,淀粉酶活性即表现出下降。

2)对作物根系的影响。当稀土元素浓度低于 5 mg/kg 时,对水稻、小麦、玉米和甘蔗等均有明显的促进作用。根系数目一般增加 20% 左右,根长增加 4%～10%,根重增加 5% 以上,根系体积增加 2.5% 以上;特别是新根的增长,对水稻来说,一般达 20% 以上,所以对防治水稻僵苗有良好的效果。当稀土浓度超过 5 mg/kg 时,对植物根系生长表现出抑制性;增至 500 mg/kg 时,即表现出只长芽不长根的现象。

3)对养分吸收的影响。由于稀土能提高根系活力,所以对养分的吸收也随之增强。研究表明,水稻施用稀土后,对氮、磷、钾的吸收平均分别增加 16.4%、12% 和 8.5%。施用稀土的大豆,对硫的吸收也明显增加。在氮素代谢中,稀土处理能明显促进硝酸还原反应,有利于作物(特别是旱土作物)体内所吸收的无机硝态氮转变为有机氮化合物而合成蛋白质,这与稀土能提高硝酸还原酶活性密切相关。

4)对叶绿素的影响。在一定条件下,稀土对大豆、花生、四季豆和紫云英等豆科作物,一般能提高叶绿素含量 20% 以上;对水稻提高 2.98%,棉花提高 13.4%,葡萄提高 4.4%～38.6%。在大田推广条件下,也常表现出比未用稀土的对照区叶色加深。稀土对叶绿素 a、叶绿素 b 的增值,一般是增加叶绿素 a 的含量高于叶绿素 b。喷施稀土后,叶绿体的超微结构中基粒片层密集,表明基粒数增多。

5)对作物病害的影响。对防治水稻的僵苗病、稻瘟病和纹枯病等有较好的效果。施用稀土后的黄花菜,其叶枯病、叶斑病和锈病的总发病率比对照减少 8.16%,病情指数降低 52.43%。棉花、蔬菜和水果等的一些病害也表现出不同程度的防治效果。稀土之所以对作物有较好的抗逆效应,是因为稀土离子能与细胞膜的磷脂结合,调节钙的代谢;并由于电荷密度比钙离子高,因此能取代钙离子,参与钙离子有关的许多生理过程;稀土离子进入生物体内能调解腺体的激素分泌,能与许多生物大分子产生不同程度的亲和力,对多和酶或酶原具有激活或抑制效应。所以稀土离子可改变细胞膜的通透性和稳定性,提高细胞膜的保护功能,能大大提高生物对不良环境的抵抗能力;在代谢过程中的氧化还原反应就更能有效地抑制和杀灭病原体。例如,施用稀土的黄花菜植株,其酚类物质的含量平均比对照高。

1.5.2 稀土元素在马铃薯上的应用

傅明华等(1994)分别用0.4%和0.8%的稀土拌种,播种一个月后测定马铃薯叶片中叶绿素含量比对照(不用稀土拌种)分别提高7.24%和9.17%;0.4%稀土拌种的马铃薯中淀粉酶活性较对照提高8.54%,而用0.6%和0.8%稀土拌种对其有抑制作用。淀粉酶活性的提高将有利于淀粉的分解,为种子萌发和植株生长提供更多的营养物质和能量的供给;对稀土拌种后一个月的马铃薯腋芽中色氨酸含量测定结果表明,用0.4%、0.6%和0.8%稀土拌种,色氨酸含量分别较对照提高56.85%、49.66%和30.04%。色氨酸是形成植物内源激素吲哚乙酸的前体,直接影响吲哚乙酸的合成,稀土元素促进色氨酸形成,为稀土元素促进植物生长提供了理论依据。李佩华等(2012)研究发现,马铃薯叶面喷施稀土肥料可增加叶片叶绿素含量、提高光合速率、提高细胞间隙CO_2浓度、叶面积指数,降低蒸腾速率、气孔导度、植物截获光强;马铃薯叶片喷施稀土后,叶片氮和磷都有不同程度的增加,而对钾含量产生抑制,氮钾比较高,说明此时氮代谢旺盛,地上部分生长繁茂。

施用稀土后,马铃薯一般结薯提前3 d左右,花期提早1~7 d,生理成熟期提前3~4 d,早结薯、早上市,提高了马铃薯的经济价值。施用稀土后,马铃薯株高降低,茎秆粗壮,分枝数增加,地上部和地下部鲜重明显增加,促进了营养生长。盆栽试验、田间小区试验和多点大面积示范试验表明,稀土对马铃薯均表现出较稳定的增产效果(傅明华等,1994)。据解惠光等(1987)报道,试验以含38%稀土水溶液进行叶面喷施,其结果无论是不同喷施时期、不同用量还是次数,均较对照区增产,增产幅度在12.8%~16.7%,每亩增产块茎208.5~270 kg。从喷施时期看,花期稍优于蕾期,从施用剂量看,每公顷1500 g优于每公顷750 g。从喷施次数看,喷一次优于喷两次。马铃薯商品率较对照高0.26%~11.6%,高剂量处理效果更显著。此外,稀土对马铃薯块茎品质也有一定影响,施用稀土后,马铃薯含水量降低,Vc、淀粉、可溶性糖和氨基酸含量提高,而蛋白质含量却随着稀土浓度的增加而减少。

1.6 马铃薯主要营养元素的胁迫(缺乏或过量)症状

1.6.1 马铃薯氮素胁迫的主要症状

充足的氮素供应能促进根系发育和茎叶生长,显著提高马铃薯植株的光合效率和净光合速率,进而有利于马铃薯植株养分的累积,植株体内氮素浓度的高低反映了其生长势的强弱。氮素营养的缺乏会导致马铃薯群体叶面积下降、减产,但过量施用氮肥会导致茎叶徒长、延迟块茎成熟、块茎干物质含量降低及商品薯比例下降(张巍等,2009;张子义等,2009),而且氮在土壤中容易流失和挥发,导致氮肥利用率低下和环境问题(Bélanger et al.,2002;Goffart et al.,2008)。

氮素不足,植株易感染黄萎病,植株生长缓慢,茎秆细弱矮小,叶片首先从植株基部开始呈淡绿或黄绿色,并逐渐向植株顶部宽展;幼叶变小而薄,略呈直立(图1.7a),每片小叶首先沿叶缘褪绿变黄,并逐渐向小叶中心部发展。严重缺氮时,至生长后期,基部老叶全部失去叶绿素而呈淡黄或白黄色,以致干枯脱落,只留顶部少许绿色叶片,但叶片很小。早期缺氮,可导致植株矮小(图1.7b)。如果继续缺氮,可致植株生育期缩短,收获期提前。

供应充足的氮素能促使植物叶片和茎加快生长,大量供应氮素常使细胞增长过大,细胞壁薄,植株柔软,易受机械损伤和病菌侵袭。马铃薯施用氮肥过量时,会引起植株徒长,茎叶相互遮阴。老叶全部呈黄色或黄白色,只有顶部很少的绿色叶,叶片的光合效率降低,植株底部叶片不见光而变黄脱落,延迟结薯,降低产量,而且湿度大时,由于植株郁闭,通风透气性差,晚疫病发生严重,导致减产。种薯生产田过量施用氮肥,能使花叶病毒症状隐蔽,不利于拔除病株;同时延迟成龄株抗性形成,蚜虫传播病毒后,增殖快,运转到新生块茎中的速度快,导致种薯退化(Šrek et al.,2010;杨艳荣,2012)。而且一旦出现氮肥施用过量一般很难采取补救措施。因此,在施用基肥的时候一定要注意氮肥不能过量。

图1.7a 马铃薯缺氮症状(Mulder和Turkensteen,2005)

图1.7b 马铃薯缺氮症状(Mulder和Turkensteen,2005)

1.6.2 马铃薯磷素胁迫的主要症状

磷肥的主要功能是促进马铃薯体内各种物质的转化,提高块茎干物质和淀粉的积累作用,促进根系的发育,提高植株抗旱、抗寒能力;此外,磷肥充足时,还能提高氮肥的增产效用。缺磷常出现在各种土壤中,特别是南方酸性和黏重土壤,有效态磷往往被固定而变成无效态;在沙质土壤中,由于磷素本来就缺乏,加之保肥力差,更易发生缺磷现象。

磷素缺乏,生育初期症状明显,可致植株生长缓慢,株高矮小或细弱僵立,缺乏弹性,分枝减少,叶片和叶柄向上竖立,叶片变小而细长,叶缘向上卷曲,叶色暗绿而无光泽(图1.8);严重缺磷时,植株基部小叶的叶尖首先褪绿变褐,并逐渐向全叶发展,最后整个叶片枯萎脱落。本症状从基部叶片开始出现,逐渐向植株顶部扩展。缺磷还会使根系和匍匐茎数量减少,根系长度变短;有时块茎内部发生锈褐色的创痕,且随着缺磷程度的加重,分布亦随之扩展,但块茎外表与健康块茎无显著差异,只是创痕部分不易煮熟。马铃薯幼苗在低磷(30%正常磷)培养环境下,试管苗的细胞膜透性值、可溶性蛋白质和可溶性糖含量均较正常磷明显增加,而叶绿素含量则明显降低,差异达到极显著或显著水平。

图1.8 马铃薯缺磷症状(Mulder 和 Turkensteen,2005)

干旱胁迫后缺磷环境下叶片超氧化物歧化酶(SOD)活性极显著升高,叶片未萎蔫;而正常磷处理叶片蛋白质(Pro)、丙二醛(MDA)含量均显著升高,叶片明显萎蔫;缺磷处理叶片和根系可溶性糖、根系 Pro 含量、叶片 POD 和 SOD 活性都显著或极显著高于正常磷处理。说明马铃薯在适应缺磷胁迫中发生的形态和生理代谢改变有助于提高其耐旱能力(王西瑶等,2009)。马铃薯对磷肥的吸收利用率比较低,一般在10%~20%,因此,在施肥的时候要充分考虑利用率,适当增加磷肥施用量。

施用磷肥过多时,由于植物呼吸作用过强,消耗大量糖分和能量,也会因此产生不良影响。如叶片肥厚而密集,叶色浓绿;植株矮小,节间过短;出现生长明显受抑制的症状。营养器官常因磷肥过量而加速成熟进程,并由此而导致营养体小,茎叶生长受抑制,产量降低。磷肥施用过多还表现为植株地上部分与根系生长比例失调,在地上部生长受抑制的同时,根系非常发达,根量极多而粗壮。此外,同样也会造成马铃薯产量和品质的降低,并且还会影响马铃薯植株对锌、铁、铜等其他微量元素的吸收。

1.6.3 马铃薯钾素胁迫的主要症状

钾素在马铃薯植株内主要起调节生理功能的作用。钾素充足,可以加强植株体内的代谢过程,增强植株的光合强度,延迟叶片的衰老进程,促进植株体内蛋白质、淀粉、纤维素及糖类的合成,可使茎秆变粗,减轻倒伏,增强抗寒和抗病性。因为马铃薯吸收钾肥量大,因此即使土壤中富含钾素也要补充一定数量的钾肥,才能满足马铃薯植株生长的需要。

缺钾常发生在轻松砂土和泥炭土上。如图1.9所示,钾素不足,可致植株生长缓慢,甚至完全停顿,节间变短,植株呈丛生状;小叶叶尖萎缩,叶片向下卷曲,叶表粗糙,叶脉下陷,叶尖及叶缘首先由绿变为暗绿,进而变黄,最后发展至全叶,并呈古铜色;叶片暗绿色是缺钾的典型症状表现,首先从植株基部叶片开始,逐渐向植株顶部发展,当底层叶片逐渐干枯,而顶部心叶仍呈正常状态。缺钾还会造成匍匐茎缩短,根系发育不良,吸收能力减弱,块茎变小,块茎内呈灰色,淀粉含量降低。

低钾胁迫下,马铃薯叶片中叶绿素a、叶绿素b和类胡萝卜素的含量都明显下降,叶片的可变荧光、净光合速率、表观量子效率、光化学效率及潜在活性均有所下降,而对光补偿点和暗呼吸速率影响不明显。同时,缺钾时叶片变小早衰,光合作用能力差,块茎小,薯块多呈长形或纺锤形,产量低,品质差。严重缺钾时,则引起叶缘枯萎,甚至枯死脱落。缺钾症与缺镁症略相似,在田间不易区分,其主要不同点是缺钾叶片向下卷曲,而缺镁则叶片向上卷曲。

同时,施用过量的钾肥会造成马铃薯的奢侈吸收,不但造成肥料浪费,而且破坏植株养分平衡而造成块茎产量和品质下降,如淀粉、Vc含量降低等。所以,在生产实践过程中,应根据土壤肥力状况,合理施用钾肥才能获得高产而优质的马铃薯。

图1.9 马铃薯缺钾症状(Mulder和Turkensteen,2005)

1.6.4 马铃薯钙素胁迫的主要症状

钙在块茎中的含量约占各种矿质养分的7%,即相当于钾的1/4,含量虽少,但钙是马铃薯全生育期都必需的营养元素,特别是块茎形成阶段,对钙的需要更加迫切。钙是构成细胞壁的元素之一,细胞壁的胞间层是由果胶钙组成的,它还对细胞膜生成起重要作用。在土壤中除作为营养供给马铃薯植株吸收利用外,钙还能中和土壤酸度,特别是在我国南方冬作区,土壤酸化严重容易缺钙,在pH值低于4.5的强酸性土壤中,施用钙肥有良好增产效果。

植物缺钙时,植株的顶芽、侧芽、根尖等分生组织首先出现缺钙素症,细胞壁的形成受阻,影响细胞分裂,表现在植株形态上是幼叶变小,小叶边缘变浅绿,节间显著缩短,植株顶部丛生(图1.10a)。严重缺钙时,其形态症状表现为:叶片、叶柄和茎秆上出现杂色斑点,叶缘上卷并呈褐色,进而主茎生长点枯死,植株呈丛生状,小叶生长极缓慢,呈浅绿色;根尖、茎尖生长点(尖端的稍下部位)溃烂坏死。块茎缩短、畸形,髓部呈现褐色而分散的坏死斑点,失去经济价值。

缺钙会导致马铃薯类胡萝卜素含量下降,不利于植株耗散过量的激发光能,使光合器官的抗强光破坏能力降低,但缺钙时叶绿素 a 与叶绿素 b 的比值提高,表明缺钙条件下不利于叶绿素 b 的合成,叶绿素 b 是捕光色素的重要组成部分,它的减少不利于叶片捕获光能。由于受到马铃薯钙吸收和分配特性的影响,即使马铃薯种植在钙含量高的土壤中也存在缺钙的问题。

如图 1.10b 所示,种薯缺钙表现为幼芽顶端附近分生组织坏死,开始萌芽时,侧芽的位置会被降低,此后新生的地上部也会遭受危害,导致种薯疯狂抽芽;块茎缺钙常常使新生块茎出现褐色斑点。

对于种薯缺钙情况,现在还无法根治。地上部分缺钙症状可以通过施用含有钙的叶面肥来缓解。然而,钙在植株体内无法转移,所以无法运输到地下部块茎中。为了确保植株在生育期能够吸收充裕的钙,特别是在块茎增长期,必须在种植前或生育期间施用钙肥。

图 1.10a　马铃薯缺钙症状(Mulder 和 Turkensteen,2005)

图 1.10b　马铃薯缺钙症状(Mulder 和 Turkensteen,2005)

1.6.5　马铃薯镁素胁迫的主要症状

镁是叶绿素的构成元素之一,与同化作用密切相关,也是多种酶的活化剂,影响发酵和呼吸过程,并影响核酸、蛋白质的合成和碳水化合物的代谢。缺镁一般多在砂质和酸性土壤中发生。近年来,由于各地化肥用量的迅速增加,使土壤 pH 值下降,土壤逐渐酸化,这是造成土壤缺镁的重要因素之一。此外,钾肥过多,会抑制镁的吸收,也能引起植株缺镁。

镁素不足,由于叶绿素不能合成,典型症状是植株基部小叶叶缘开始由绿变黄(图 1.11),

然后,叶脉间的叶肉进一步黄化,而叶脉还残留绿色。严重缺镁时,叶色由黄变褐,叶片变厚而脆,并向上卷曲,最后病叶枯萎脱落。病症从植株基部开始,逐渐向植株上部叶片发展。

在田间发现缺镁时,应及时施用1%~2%的硫酸镁溶液进行叶面喷施,每隔5~7 d喷施1次,视缺镁程度可喷施数次,直至缺镁症状消失为止。

图 1.11　马铃薯缺镁症状(Mulder 和 Turkensteen,2005)

1.6.6　马铃薯硫素胁迫的主要症状

马铃薯植株早期缺硫,发育迟缓,叶片褪绿黄化,缺硫症状多在块茎增长期。如图1.12所示,缺硫时植株顶端叶片首先表现出褪绿黄化现象,类似缺氮症状,容易误诊。二者不同的是缺氮失绿首先表现在老叶,而缺硫失绿先发生在新叶。严重缺硫时,植株顶端新生叶片叶脉间开始黄化,类似于缺镁。然而,缺硫与缺镁不同,缺镁是老叶叶脉间黄化。

图 1.12　马铃薯缺硫症状(Mulder 和 Turkensteen,2005)

1.6.7 马铃薯锌素胁迫的主要症状

缺锌主要与土壤肥力状况和灌溉不当有关,如图 1.13 所示,锌不足常出现坏死斑点,节间变短,生长迟缓,叶片短小,幼叶黄化,叶缘向上卷曲。缺锌症状容易与感染卷叶病毒症状混淆,顶端叶片出现烧死现象;到生育后期,老叶上灰褐色斑点变为古铜色,然后变黑,与早疫病的症状类似。叶片容易脱落,外表呈棕榈树状。有些品种表现出典型的蕨叶病状。

锌过量会抑制根系的生长,叶片不易伸展,然后发生黄花症状。土壤中锌浓度过高可阻碍植株对磷和铁的吸收。

图 1.13　马铃薯缺锌症状(Mulder 和 Turkensteen,2005)

1.6.8 马铃薯硼素胁迫的主要症状

硼是马铃薯生长发育不可缺少的重要微量元素之一,它对马铃薯有明显的增产效应。硼的主要功能是促进碳水化合物的代谢、运转及细胞的分裂,进而加速植株生长和叶面积的形成,促进块茎干物质和淀粉的积累,提高产量。

缺硼时可致马铃薯根端和茎端停止生长,生长点及分枝变短死亡,节间短,侧芽迅速长成丛生状,全株呈矮丛状(图 1.14a)。叶片生长缓慢,叶和叶柄脆弱易断,老叶粗糙增厚,叶缘向下卷曲,叶柄和叶片提早脱落。块茎较少,小而畸形,表皮溃烂,表面常现裂痕。成熟叶片向上翻卷呈杯状,叶缘有淡褐色死亡组织,叶缘和叶脉变褐接近死亡,皮下维管束周围出现局部褐色或棕色组织,根短且粗(图 1.14a)、褐色,折断可见中心变黑,开花少。如图 1.14b 所示,缺锌严重时生长点坏死,侧芽、侧根萌发生长,枝叶丛生,叶片皱缩增厚变脆,褪绿萎蔫,叶柄及枝条增粗、变短、开裂,或出现水渍状斑点或环节状突起。土壤含硼量过低和土壤理化特性等方面的原因会导致植株缺硼。酸性火成岩发育的土壤易表现缺硼。硼在土壤中可被铝、硅和一些黏土矿物固定,且固定作用随 pH 升高而迅速增加;山地、河滩地或沙砾地土壤中的硼盐类易流失,植株易发生缺硼症;土壤过干或过酸、盐碱情况严重、化学氮肥施用过多和有机质缺乏都会导致缺硼。

马铃薯对硼很敏感,硼浓度过高时,叶片变小、黄化,叶缘坏死。硼毒害较轻时,其症状类似于除草剂或含锡化合物产生的危害。叶缘不规则、褪绿簇生。硼毒害较重时,会导致大量减产。

图 1.14a 马铃薯缺硼症状(Mulder 和 Turkensteen,2005)

图 1.14b 马铃薯硼毒害症状(Mulder 和 Turkensteen,2005)

1.6.9 马铃薯铜素胁迫的主要症状

当马铃薯植物体铜的含量小于 4 mg/kg 时,就有可能缺铜。缺铜常有一个明显特征,即作物花的颜色可能出现褪色现象。

铜中毒的症状是新叶失绿,老叶坏死,叶柄和叶的背部出现紫红色。

1.6.10 马铃薯锰素胁迫的主要症状

马铃薯对锰的缺乏极其敏感,需要量也很高。如图 1.15a 所示,缺锰症状首先表现在幼叶上,中度缺锰作物叶片褪绿黄化,并且顶端叶片出现特殊的杏黄色,沿着叶脉出现典型的黑色斑点。严重缺锰时叶片发生折叠,沿着叶脉出现大量坏死斑点。如果缺锰情况继续存在,叶片向上卷曲,逐渐变为棕色,进而坏死。

锰过量时,则叶片失去光泽,由浅绿变为黄绿,叶脉间出现黄化现象,典型的锰毒害症状(类似于早疫病)表现为叶片和叶柄表面出现大量小的坏死斑点,部分斑点坏死变为棕黑色,叶柄变脆(1.15b)。植株生长缓慢,生育期提前,而块茎并未表现出典型锰毒害症状。

图 1.15a 马铃薯缺锰症状(Mulder 和 Turkensteen,2005)

图 1.15b 马铃薯锰毒害症状(Mulder 和 Turkensteen,2005)

1.6.11 马铃薯其他元素胁迫的主要症状

在石灰性土壤和 pH 值较高的土壤中容易出现缺铁的情况,缺铁时,叶片会褪绿黄化,心叶甚至变为白色,叶脉变为墨绿,而脉间淡绿或黄化,叶绿素难以形成,叶片继而变白(图1.16)。缺铁常常伴随缺锌,此时,缺锌症状占据主导地位,只有缺锌症状得到缓解后,缺铁症状才会表现出来。

马铃薯耐氯能力弱,易遭受氯的毒害。氯毒害经常发生,危害面积大。表现为整个叶片向上弯曲,呈船状;严重氯毒害会延迟作物生长,作物早熟。叶片开始褪绿,出现黄色斑点,逐渐变为棕色,脱落坏死(图 1.17)。

我国马铃薯南方冬作区,主要的耕作模式为"稻—稻—薯"水旱轮作。根据有关资料,广东冬作马铃薯田块土壤微量元素铁、锌和铜丰富,锰部分不足,缺硼。因为磷肥以过磷酸钙或含磷复合肥为主,硫酸钾或含硫酸钾的复合肥,氮肥以尿素或高氮复合肥为主,所以田间较少出现缺少氮、磷、硫和微量元素铁、锌和铜的可能,较多出现不足的有钾素、硼素和镁等。虽然也有施用氯化钾肥料的种植户,但是氯中毒的可能性也较小。

值得说明的是,外形诊断通常只在植株仅缺一种营养元素情况下有效,如果同时缺乏两种或两种以上营养元素,或出现非营养因素(如病虫害或药害)引起的症状时,则易于混淆,造成

图 1.16　马铃薯缺铁症状（Mulder 和 Turkensteen，2005）

图 1.17　马铃薯氯素毒害症状（Mulder 和 Turkensteen，2005）

误诊。再则，植株出现某些营养失调症时，表明植株营养失调已相当严重，若此时采取措施，常为时过晚。尽管如此，由于外形诊断简单易行，无需仪器测试，至今仍是野外诊断马铃薯病症的常用方法。

参考文献

白宝璋，孙存华，田文勋，等. 1997. 铜对马铃薯叶片光合特性的影响[J]. 吉林农业大学学报，**19**(3)：12-17.
白宝璋，田文勋，赵景阳，等. 1994. 铜对马铃薯生物效应的研究[J]. 吉林农业科学，(1)：54-56.
白艳姝. 2007. 马铃薯养分吸收分配规律及施肥对营养品质的影响[D]. 呼和浩特：内蒙古农业大学.
蔡继善. 1991. 马铃薯在不同生育时期追施磷肥效果简报[J]. 马铃薯杂志，**5**(3)：159-161.
曹先维，汤丹峰，陈洪，等. 2013. 高产冬种马铃薯的钾素吸收、积累、分配特征研究[J]. 热带作物学报，**34**(1)：33-36.
陈防，陈行春，鲁剑巍，等. 1994. 钾、硫配施对作物产量与品质的影响[J]. 土壤通报，**25**(5)：216-218.

陈洪,张新明,全锋,等.2010.氮磷钾不同配比对冬作马铃薯产量、效益和肥料利用率的影响[J].中国马铃薯,**24**(4):224-229.

陈克文.1982.作物的硫素营养与土壤肥力[J].土壤通报,(5):43-46.

杜强.2013.钙对马铃薯植株生长及块茎品质的影响[D].兰州:甘肃农业大学.

杜祥备,习敏,刘美英,等.2011.不同马铃薯品种铜素的吸收、积累和分配[J].中国马铃薯,**25**(3):144-148.

段玉,妥德宝,赵沛义,等.2008.马铃薯施肥肥效及养分利用率的研究[J].中国马铃薯,**22**(4):197-200.

范士杰,雷尊国,吴文平.2008.镁、锌、硼元素对马铃薯费乌瑞它产量的影响[J].种子,**27**(10):104-105.

房江育,马雪泷.2006.硅对马铃薯试管苗生长及其细胞壁形成的影响[J].作物学报,**32**(1):152-154.

冯琰,蒙美莲,尚国斌,等.2006.硫素吸收规律的初步研究[J].中国马铃薯,**20**(2):81-85.

冯琰,蒙美莲,马恢张,等.2008.马铃薯不同品种氮、磷、钾与硫素吸收规律的研究[J].中国马铃薯,**22**(4):205-209.

傅明华,顾仲兰,丁前法,等.1994.稀土对冬瓜马铃薯甘蓝的增产作用与生理效应[J].上海农业学报,**10**(2):49-55.

高炳德.1984.马铃薯营养特性的研究[J].马铃薯,(4):3-13.

高炳德.1983.应用 P32 示踪法对马铃薯合理施用钾肥的研究[J].马铃薯,(4):16-24.

高炳德,张胜,白艳姝,等.2010.不同营养条件下马铃薯锌素吸收分配规律的研究[J].内蒙古农业大学学报,**31**(4):24-28.

高炳德.1987.马铃薯产量形成与环境条件及营养条件的关系[J].马铃薯杂志,**1**(1):29-33.

高炳德.1988.马铃薯磷肥施用技术的研究[J].内蒙古农业大学学报(自然科学版),**9**(1):162-169.

高聚林,刘克礼,张宝林,等.2003.马铃薯磷素的吸收、积累和分配规律[J].中国马铃薯,**17**(4):199-203.

高媛,韦艳萍,樊明寿.2011.马铃薯的养分需求[J].中国马铃薯,**25**(3):182-187.

龚学臣,抗艳红,赵海超,等.2013.干旱胁迫下磷营养对马铃薯抗旱性的影响[J].东北农业大学学报,**44**(4):48-52.

关军锋.1991.钙与果实生理生化的研究进展[J].河北农业大学学报,**14**(4):105-109.

郭淑敏,门福义,刘梦芸,等.1993.马铃薯高淀粉生理基础研究—块茎含量与氮磷钾代谢的关系[J].马铃薯杂志,**7**(2):65-70.

郭志平.2002.马铃薯不同生育期追施钾肥增产效果的研究[J].土壤肥料,(3):15-17,20.

郭志平.2007.马铃薯不同生育期追施钾肥增产效果[J].长江蔬菜,(11):44-45.

哈里斯 P M.蒋先明,田玉丰,赵越,等译.1984.马铃薯改良的科学基础[M].北京:农业出版社:150-175.

贺诚.2007.青海省乐都县干旱山区马铃薯氮磷肥施用技术研究[J].安徽农业科学,**35**(8):2270-2284.

黑龙江省农业科学院马铃薯研究所.1994.中国马铃薯栽培学[M].北京:中国农业出版社.

黄继川,彭智平,于俊红,等.2014.不同氮肥用量对冬种马铃薯产量、品质和氮肥利用率的影响[J].热带作物学报,(2):266-270.

解惠光,郑铁军.1987.稀土元素对马铃薯产量和品质的影响[J].马铃薯杂志,**1**(3):30-32.

金黎平,屈冬玉,罗其友.2013.我国马铃薯产业发展现状和展望[C].2013年中国马铃薯大会,中国作物学会马铃薯专业委员会.中国重庆:8-18.

康玉林,王小琴,徐利群,等.1995.土壤施氮与马铃薯块茎中粗蛋白质含量的关系[J].中国马铃薯,**9**(2):66-69.

孔令郁,彭启双,熊艳,等.2004.平衡施肥对马铃薯产量及品质的影响[J].土壤肥料,(3):17-19.

李华,毕如田,程芳琴,等.2006.钾锌锰配合施用对马铃薯产量和品质的影响[J].中国土壤与肥料,(4):46-50.

李华.1997.施锌对马铃薯产量和品质的影响[J].中国土壤与肥料,**17**(3):52-54,94.

李佩华,彭徐.2012.马铃薯叶面喷施稀土肥料效应研究[J].黑龙江农业科学,(11):44-47.

李湘麒,熊月明,陆修闽.2001.柑橘钙素营养研究综述[J].福建果树,**1**(1):3-9.

李玉影.1999.马铃薯需钾特性及钾肥效应[J].马铃薯杂志,**13**(1):9-12.

郦海龙.2008.硫对马铃薯产量和品质的影响及其生理基础研究[D].呼和浩特:内蒙古农业大学.

林晓影,马光恕,廉华,等.2010.硫酸锰浸种对马铃薯幼苗的影响[J].作物杂志,**26**(1):70-72.

刘青娥,钟仙龙,郭志平.2006.增施磷钾对马铃薯提质增产的效果[J].长江蔬菜,**23**(12):42.

陆景陵.2003.植物营养学[M].北京:中国农业大学出版社:315-325.

马友华,丁瑞兴,张继榛,等.1999.硒和硫相互作用对烟草氮吸收和积累的影响[J].安徽农业大学学报,(1):97-102.

门福义,刘梦芸.1995.马铃薯栽培生理[M].北京:中国农业出版社.

宁加贲.1994.稀土对作物增效因子的研究[J].稀土,**15**(1):63-65.

屈冬玉,金黎平,谢开云.2010.中国马铃薯产业10年回顾[M].北京:中国农业科学技术出版社:1-26.

尚忠林,毛国红,孙大业.2003.植物细胞内钙信号的特异性[J].植物生理学通讯,**39**(4):93-101.

盛晋华,刘克礼,高聚林,等.2003.旱作马铃薯钾素的吸收、积累和分配规律[J].中国马铃薯,**17**(6):331-335.

宋志荣.2005.施锰对马铃薯产量和品质的影响[J].中国农学通报,**21**(3):222-223.

孙继英,肖本彦.2006.不同施肥水平对高淀粉马铃薯品种克新12号产量及相关经济性状的影响[J].中国马铃薯,**20**(1):30-32.

汤丹峰,张新明,陈洪,等.2013a.冬种马铃薯的氮素吸收、积累、分配特征研究[J].热带作物学报,**34**(6):1041-1044.

汤丹峰,张新明,陈洪,等.2013b.冬作马铃薯的磷素吸收、积累、分配特征研究[J].热带作物学报,**34**(8):1439-1443.

汪定淮,刘尚义.1994.作物养分平衡与高产栽培兼论作物栽培科学的现代化[M].北京:北京大学出版社:75-80.

王才斌,迟玉成,郑亚萍,等.1996.花生硫营养研究综述[J].中国油料,**18**(3):76-78.

王季春.1994.不同施氮量对马铃薯的影响[J].马铃薯杂志,**8**(2):76-80.

王庆仁,林葆.1996.植物硫营养研究的现状与展望[J].土壤肥料,(3):16-19.

王西瑶,朱涛,邹雪,等.2009.缺磷胁迫增强了马铃薯植株的耐旱能力[J].作物学报,**35**(5):875-883.

王彦平,蒙美莲,门福义.2004.氮肥对马铃薯块茎收后储藏期间淀粉还原糖含量的影响[J].现代农业,(12):21-23.

王艳,李晓林,张福锁.2000.不同基因型植物低磷胁迫适应机理的研究进展[J].中国生态农业学报,**8**(4):34-36.

伍壮生.2008.氮磷钾施肥水平对马铃薯产量及品质的影响[D].长沙:湖南农业大学.

夏锦慧,钱晓刚,丁海兵.2008.费乌瑞它干物质积累及氮、磷、钾营养吸收特征分析[J].贵州农业科学,**36**(5):26-30.

夏锦慧.2008.马铃薯干物质积累及氮、磷、钾营养特征研究[J].长江蔬菜(学术版),(12):34-37.

鲜开梅,王彦波,苑育文,等.2006.氮素在甜椒等蔬菜作物方面的研究进展[J].现代农业科技,**35**(13):6-7,9.

谢开云,屈冬玉,金黎平,等.2008.中国马铃薯生产与世界先进国家的比较[J].世界农业,(5):35-38,41.

谢云开,金黎平,屈冬玉.2006.脱毒马铃薯高产新技术[M].北京:中国农业科学技术出版社.

徐德钦.2007.马铃薯增施钾肥增产效果的研究[J].上海交通大学学报(农业科学版),**25**(2):147-149.

阎献芳,肖厚军,曹文才,等.2005.马铃薯钾肥肥效研究[J].贵州农业科学,**33**(2):55-56.

杨廷良,崔国贤,罗中钦,等.2004.钙与植物抗逆性研究进展[J].作物研究,(5):380-384.

杨艳荣.2012.氮肥对马铃薯生长发育的影响[J].吉林蔬菜,**38**(1):31.

姚宝全.2008.冬季马铃薯氮磷钾肥料效应及其适宜用量研究[J].福建农业学报,**23**(2):191-195.

张宝林,高聚林,刘克礼,等.2003.马铃薯氮素的吸收、积累和分配规律[J].中国马铃薯,**17**(4):193-198.

张庆元. 2010. 柴达木地区不同氮磷钾配比与马铃薯叶片光合特性的关系[J]. 安徽农业科学, 38(21): 11099-11101.

张胜, 白艳姝, 崔艳, 等. 2010. 马铃薯硼素吸收分配规律及施肥的影响[J]. 华北农学报, 25(1): 194-198.

张士功. 1988. 硝酸钙对小麦幼苗生长过程中盐害的缓解作用[J]. 麦类作物, 18(5): 59-62.

张巍, 张广臣, 姜奎. 2009. 马铃薯氮素营养诊断研究进展[J]. 长江蔬菜, 22(14): 1-5.

张英聚. 1987. 植物的硫营养[J]. 植物生理学通讯, (2): 9-15.

张子义, 樊明寿. 2009. 旱作马铃薯养分资源管理研究进展[J]. 内蒙古农业大学学报(自然科学版), 30(3): 271-274.

赵永秀, 蒙美莲, 郝文胜, 等. 2010. 马铃薯镁吸收规律的初步研究[J]. 华北农学报, 25(1): 190-193.

郑丕尧. 1992. 作物生理学导论[M]. 北京: 北京农业大学出版社.

郑若良. 2004. 氮钾肥比例对马铃薯生长发育、产量及品质的影响[J]. 江西农业学报, 16(4): 39-42.

郑顺林, 李国培, 袁继超, 等. 2010. 施氮水平对马铃薯块茎形成期光合特性的影响[J]. 西北农业学报, 19(3): 98-103.

郑顺林, 杨世民, 李世林, 等. 2013. 氮肥水平对马铃薯光合及叶绿素荧光特性的影响[J]. 西南大学学报(自然科学版), 35(1): 1-9.

周娜娜, 张学军, 秦亚兵, 等. 2004. 不同滴灌量和施氮量对马铃薯产量和品质的影响[J]. 土壤肥料, 20(6): 11-12+16.

朱惠琴, 马辉, 马国良. 1999. 不同生育期追施磷肥对马铃薯产量的影响[J]. 中国蔬菜, (1): 38.

Abdulnour J E, Donnelly D J, Barthakur N N. 2000. The effect of boron on calcium uptake and growth in micropropagated potato plantlets[J]. *Potato Research*, 43(3): 287-295.

Alva A. 2004. Potato nitrogen management[J]. *J Veg Crop Prod*, 10(1): 97-130.

Badr M A, El-Tohamy W A, Zaghloul A M. 2012. Yield and water use efficiency of potato grown under different irrigation and nitrogen levels in an arid region[J]. *Agricultural Water Management*, (110): 9-15.

Bélanger G, Walsh J R, Richards J E, et al. 2002. Nitrogen fertilization and irrigation affects tuber characteristics of two potato cultivars[J]. *American Journal of Potato Research*, 79(4): 269-279.

Chapman L S, Haysom M B C, Chardon C W. 1981. Checking the fertility of Queensland's sugar land[J]. *Proceedings of Australian Society of Sugar Cane Technologists*, (3): 25-332.

Christensen N W. 1972. A new hypothesis to explain phosphorus induced zinc deficiencies[D]. Corvallis: Oregon State University.

Doman D C, Geiger D R. 1979. Effect of exogenously supplied foliar Potassium on Phloem loasing in Beta vulgaris L[J]. *Plant Physiol*, (64): 528-533.

Dyson P W. 1965. Effects of gibberellic acid and (2-chloroethyl)-trimethylammonium chloride on potato growth and development[J]. *Journal of the Science of Food and Agriculture*, 16(9): 542-549.

Epstein E. 1988. How calcium enhances plant salt to lerance[J]. *Science*, (280): 1906.

Errebhi M, Rosen C J, Gupta S C, et al. 1998. Potato yield response and nitrate leaching as influenced by nitrogen management[J]. *Agron J*, 90(a): 10-15.

Goffart J P, Olivier M, Frankinet M. 2008. Potato crop nitrogen status assessment to improve fertilization management and efficiency: Past-present-future[J]. *Potato Research*, 51(3): 355-383.

Guliev N M, Bairamov S M, Aliev D A. 1992. Functional organization of carbon icanhydrase in higher plants[J]. *Plant Physiol*, (39): 537-544.

Habib A. 2000. Calcium translocation and accumulation into potato tubers[J]. *Potato Research*, (43): 287-295.

Harwood J L. 1980. The biochemistry Pergamon of plant[J]. *Academic Press*, (4): 301-320.

Kratzke M G, Palta J P. 1986. Calcium accumulation in potato tubers: role of the basal roots[J]. Hortscience, **21**(4):1022-1024.

Kratzke M G. 1988. Study of mechanism of calcium uptake by potato tubers and of cellular properties affecting soft rot[D]. Thesis The University of Wisconsin-Madison, Department of Horticulture:192-250.

Leustek T, Martin M N, Biek J A. 2000. Pathways and regulation of sulfur metabolism revealed through molecular and genetic studies[J]. *Annual Review of Plant Physiologyogy and Plant Molecular Blology*, (51):141-159.

Leustek T, Salitok. 1999. Sulfate transport and assimilation in Plants[J]. *Plant Physiology*, (120): 637-644.

Moroney J V, Bartlett S G, Samuelsson G. 2001. Carbonic anhydrases in plant and algae[J]. *Plant Cell and Environment*, (24):141-153.

Mulder A, Turkensteen L J. 2005. Potato diseases-diseases, pests and defects[M]. Holland: Aardappelwereld B V and NIVAP.

Osaki M, Shirai J, Shinano T, et al. 1995. Effects of ammonium and nitrate assimilation on the growth and tuber swelling of potato plants[J]. *Soil Sci&Plant Nutr*, **41**(4):709-719.

Palmiter R D, Findley S D. 1995. Cloning and functional characterization of a mammalian zinc transport confers resistance to zinc[J]. *EMO J*, (14):639-649.

Peter M, Groffman, Melany C F, et al. 2006. Calcium additions and microbial nitrogen eyele processes in a Northrn Hardwood Forest[J]. *Ecosystems*, **9**(2): 289-305.

Randall P J. 1988. Evaluation of the sulphur status of soil and plants: Techniques and interpretation[J]. *Sulphur in Indian Agriculture*, (3):1-15.

Saito K. 2004. Sulfur assimilatory metabolism the long and smelling road[J]. *Plan Physiology*, (136):2443-2450.

Šrek P, Hejcman M, Kunzová E. 2010. Multivariate analysis of relationship between potato (*Solanum tuberosum* L.) yield, amount of applied elements, their concentrations in tubers and uptake in a long-term fertilizer experiment[J]. *Field Crops Research*, **118**(2):183-193.

Stark J S, Westermann D T. 2002. Potato nutrient management[M]. Idaho: Idaho potato production systems, University of Idaho Current Information Series.

Sun L, Gu L, Peng X, et al. 2012. Effects of nitrogen fertilizer application time on dry matter accumulation and yield of chinese potato variety KX 13[J]. *Potato Research*, **55**(3):303-313.

Takatsuji H. 1998. Zinc-finger transcription factors in plant[J]. *Cell Mol Life Sci*, (55):582-596.

Westermann D T. 2005. Nutritional requirements of potatoes[J]. *America Potato Res*, 81, 301-308.

第2章 南方冬闲田土壤肥力特征

南方冬闲田在广东、广西、云南、贵州、福建、湖南、湖北、江西和重庆等省(区、市)都有分布(米健等,2011)。本章重点阐述南方冬闲田的土壤肥力特征。

土壤肥力是土壤为植物生长提供和协调营养条件和环境条件的能力,是土壤的基本属性和本质特征,是土壤为植物生长供应和协调养分、水分、空气和热量的能力,是土壤物理、化学和生物学性质的综合反映(黄昌勇,2000;徐明岗等,2006)。世界各国土壤学家十分重视土壤肥力研究,我国土壤学家侯光炯(1978)认为:土壤肥力是土壤持久稳定地供应植物水分、养分要求的能力。美国土壤学会1989年出版的《土壤科学名词汇编》上把肥力定义为:"土壤供应植物生长所必需养料的能力"。

马铃薯的生长发育除需要氮、磷、钾三要素之外,还需要中量元素钙、镁、硫、硅和微量元素锌、铜、硼、铁、锰、钼等元素,这些元素都是土壤的养分。土壤养分是土壤肥力的重要物质基础,也是马铃薯生长发育的物质基础。有研究表明,土壤肥力高低对马铃薯施肥效果有较大的影响,不同土壤肥力水平对马铃薯产量的贡献率有明显的差异,随着土壤肥力等级的下降,增产效果有增加的趋势(洪彩誌和戴树荣,2010;章明清等,2012)。

2.1 土壤生态条件

土壤是植物生长和发育的基地,不同的植物对土壤有不同的要求。马铃薯和玉米、水稻等作物相比,对土壤的要求更高,因为马铃薯不仅根系和地下茎生长在土壤里,收获物(块茎)也在土壤里生长发育,所以土壤要疏松才不阻碍块茎生长。要想获得高产,土壤还要为马铃薯提供各种必需的营养物质,促进马铃薯健壮生长,为块茎注入更多的内含物。马铃薯生长发育过程中对水的需要量很大,但是水分过多,会导致烂薯现象,块茎在土壤中生长,要有足够的空气,呼吸作用才能顺利进行。总结以上几点:适宜马铃薯生长的土壤最好是有机质含量多、土层深厚、组织疏松和排灌条件好的壤土和沙壤土。这两类土壤疏松透气、富含营养、水分充足,不但利于块茎和根系生长,还为中耕、培土、灌水和施肥等农艺措施的实施提供了便利。但是,也并不是说种植马铃薯必须要求在壤土或者沙壤土上,其实由于马铃薯的适应性较强,各种土质都可以种植,而且可以通过采取一些行之有效的农艺措施对土壤进行适当改良。例如,对于质地黏重的土壤可以采用高垄栽培的方法,保证排水通畅、降低黏度;而对于砂性较大的土壤,可以通过增施农家肥等方式提高土壤凝结力,同时结合深种厚培的方式保墒和保肥(曹先维等,2012)。

我国南方属热带亚热带地区,马铃薯种植一般是冬作和春作,有效利用了南方大片冬闲田,提高农民收入,同时也形成了一个典型的水旱轮作的耕作制度(稻—稻—薯或菜—稻—薯)。水旱轮作对土壤生态条件影响显著,水热条件的强烈转换,引起了土壤物理、化学和生物学特性在不同作物季节间交替变化,水旱两季也相互作用,相互影响,构成一个独特的农田生态系统,系统在物质循环以及能量流动、转换方面都明显不同于旱地或湿地生态系统(赵记军,2008)。所以,培育肥沃的水稻土就要水旱轮作(庄卫民和林景亮,1986)。以下以几个典型省(区)为例,介绍热带亚热带土壤生态条件特点。

广东省地处我国大陆南端,介于北纬 20.10~25.31°,东经 109.41~117.17°之间,北依南岭,南临南海,具有中亚热带、南亚热带和热带3个气候带,其中南亚热带气候区域占总面积的72%。全省冬季气候资源丰富,自北向南日平均气温在 13~18℃,活动积温 1920~2680℃·d,日照时数 590~740 h,降雨量 180~310 mm,太阳辐射能 41.2~51.5 J/m^2,冬季活动积温、日照时数、阵雨量和太阳辐射能分别占全年的 32%~34%、36%~37%、12%~14%和 30%~38%(曹先维,2012)。马铃薯适宜在 17℃以下生长,在冬季广东省不同区域都能分别满足马铃薯的生长需求。2009 年,广东省农业厅规划了四个马铃薯生产区:一是东部生产区,以揭阳、汕头、梅州、惠州市为主;二是北部生产区,以韶关、清远市为主;三是中部生产区,以江门、肇庆为主;四是西部生产区,以阳江、云浮、茂名、湛江市为主。2011 年,全省种植面积达 4.07万 hm^2,总产 101.0 万 t,单产 24.8 万 t/hm^2(金黎平和罗其友,2013),单产较其他冬作区高。广东的土壤分布具明显的地带性,自北向南分布着红壤、赤红壤和砖红壤,3 种主要土壤的面积总计占了全省土壤面积的 70.9%(许炼烽和刘腾辉,1996)。红壤一般酸性较强,土性较黏,主要分布在韶关等地;赤红壤养分和酸性介于红壤和砖红壤之间,黏粒含量很高,质地黏重,但由于氧化铁和氧化铝胶体形成的结构体,致使土壤的渗透性还比较好,滞水现象不严重,主要分布在惠阳、肇庆、江门、广州和梅县等地;砖红壤土体深厚,质地偏砂,耕作容易,宜种性广,但灌溉水源不足,常有干旱威胁,养分含量亦很低,主要分布在雷州半岛海康、钦州湾北岸、遂溪、廉江、徐闻等县及湛江市郊。菜—稻—菜种植模式下,有利于有机质土壤速效磷含量的增加,土壤 pH 值有所提高,说明该模式对南方酸性土壤的酸碱度有所改善(赵记军,2008)。

广西地处我国西南端,北纬 20.54~26.20°,东经 104.29~112.04°,北回归线横贯中南部,高温多雨,雨热同步。自北向南分为 3 个气候带:北亚热带、中亚热带和南亚热带(况雪源等,2007)。年平均气温 21.1℃,年日照时数 1396 h。≥10℃年积温达 5000~8300℃·d,持续日数 270~340 d,年均降雨量在 1835 mm。最适宜种植马铃薯的地区以沿海地区、桂东南及南宁市的部分县市为主;适宜区以桂东南、桂西南地区为主;次适宜区以桂西南和河池市及右江河谷的部分县(区)为主(廖雪萍等,2012)。2011 年广西种植马铃薯面积为 5.31 万 hm^2,总产 89.5 万 t,单产 16.9 万 t/hm^2(金黎平和罗其友,2013),虽然面积比广东多,但是单产偏低,导致总产也低于广东。广西以北纬 24°线为界,分成南、北两地带,北部为中亚热带常绿阔叶季风林红壤带,南部为南亚热带常绿阔叶季雨林砖红壤性红壤(赤红壤)带(蔡如棠,1980)。

福建省位于我国东南部,东海之滨,介于北纬 24.21°~27.46°,东经 117.10°~118.38°之间,福建省属亚热带湿润季风气候,西北有山脉阻挡寒风,东南有海风调节,气候温暖湿润。年平均气温 15~22℃,无霜期 240~330 d,木兰溪以南几乎全年无霜。年平均降水量 800~1900 mm,境内河流密布,水利资源丰富,河网密度之大全国少见,可以保障冬作马铃薯的水分供应。冬作马铃薯主要分布在闽东、闽南沿海的平原地带(翁定河等,2008)。基于温度、水分和安全生长期三个指标考虑,福建适合马铃薯冬作的区域包括福州以南的福清、长乐、平潭、莆田、泉州(德化除外)、厦门、漳州及龙岩南部的 40 个左右县(市、区)(翁定河等,2008)。福建东部的土壤主要为红壤、乌泥田、黄泥田;南部主要是砖红壤、红壤和水稻田(黄鸿翔等,2000)。

冬作区土壤多为冲积型砂土和轻壤土，特别是冬作区几条主要河流两岸的冬闲田，不但质地疏松、通透性好、有机质含量高，而且有灌溉条件，非常有利于马铃薯块茎的生长、薯块的形成和膨大，利于提高商品性，是冬作马铃薯的适宜土壤（翁定河等，2008）。

吴永贵等（2008）描述了贵州省边缘低山马铃薯丘陵冬播区（黔北低热河谷冬播区）的生态特点，即年均气温较高（≥18℃），7月均温在27～28℃，1月均温7～9℃；年极低温均值大于5℃，大于10℃活动积温在5000～6000℃，霜期较短或无，年日照时数小于1000 h，年均降雨量1200 mm以上。本区处于贵州高原向四川盆地过渡的斜坡地带的低热河谷的地区，地势由南向北逐渐降低。区内地貌以低山丘陵为主，地势低，海拔在800 m以下，多为400～500 m。本区是贵州紫色砂页岩大面积分布区，因此也是贵州紫色土耕地集中分布区，紫色土占了总耕地的一半。

重庆市有适宜马铃薯生长发育的优越气候，同时在海拔高度、气温、降水、日照等多种气象因子影响下，马铃薯生长分布有一定规律（杨世琦等，2013）。杨世琦等（2013）将重庆市马铃薯栽培区划分为：一年二到三熟光照较丰马铃薯栽培区、一年二到三熟光照一般马铃薯栽培区、一年二熟光照较丰马铃薯栽培区、一年二熟光照一般马铃薯栽培区、一年一到二熟光照较丰马铃薯栽培区、一年一到二熟光照一般马铃薯栽培区和气候冷凉不适宜区等7个不同类型栽培区。以一年二到三熟光照较丰马铃薯栽培区为例：该区分布于重庆市西部、西南部局部地区，以及东北部沿江河谷低坝地区，面积19744.64 km^2，占全市面积的23.96%。这里年均温在16℃以上，3—4月日照总时数大于200 h，热量条件好且光照充裕，一年可以二到三熟。

2.2 土壤酸碱度

土壤酸碱度主要受气候、地形、土壤母质及耕作的影响，对土壤肥力及植物生长影响很大。热带和亚热带的土壤由于季风气候的影响，雨量充沛，对土壤冲刷严重，故土壤多为酸性。马铃薯要求微酸性土壤，以pH为4.8～7.5为宜，当pH低于下限时，吸收功能会受到抑制，超过上限时，严重制约生长。热带亚热带居多的是红壤、赤红壤和砖红壤，pH值范围分别是：4.5～6.5、4.5～5.5、4.5～5.5。水稻土经水耕熟化后pH值明显高于起源土壤，其趋势是：潜育型、潴育型＞渗育型＞起源土壤（唐南奇和赵剑曦，1991）。近年来工业污水污染、肥料应用不当和耕作方式不适宜等，导致土壤pH值降低，受到人们普遍关注。特别是南方土壤本身保水保肥能力不足，加之雨水冲刷，工业污水排放不当，酸化更为严重。研究表明：稻草覆盖免耕栽培技术可以缓解土壤pH降低（农光标等，2011）或提高pH值（李福忠和黄民波，2008）。土壤有机质对土壤pH有明显的稳定和缓冲作用，土壤有机质含量越高，则土壤酸化程度越轻，并呈现较好的对数关系。研究人员和政府也提倡采用水旱轮作、稻草还田、免耕少耕、增施有机肥等方法来改善土壤酸碱度。

据第二次土壤普查（以下简称"二普"）结果显示：广东省处于pH为5.5～6.5的水稻土面积为90031.168 hm^2，占水稻土总面积的41.1%，主要分布在江门、湛江、广州、韶关、肇庆、惠阳、茂名和汕头等地（广东土壤普查办公室，1993），这些地方大部分位于马铃薯生产区。

2006年广西土壤pH值与"二普"结果比较，平均值由6.39下降到6.20，其中水田平均下降0.35，旱地与"二普"时期持平（黄文校等，2006）。2011年广西天等县相对于第二次土壤普查，耕地土壤pH值总体平均下降0.73，微酸性至强酸性土壤样点所占百分比由9.8%上升到

55.8%。非石灰岩母质发育的耕地土壤酸化程度较重,石灰岩母质发育的耕地或碳酸盐含量较高的耕地相对较轻。耕作制度对土壤pH影响显著,旱作连作土壤酸化程度较重,水稻连作次之,水旱轮作和玉米—黄豆轮作相对较轻(农光标等,2011)。玉林市玉州区仁厚镇上罗村,进行马铃薯稻草免耕栽培技术研究,结果为:播种前pH为6.0,收获时土壤pH提高了0.5个单位(李福忠和黄民波,2008)。说明这种技术可以改善土壤pH值,为马铃薯提供一个更好的生存空间,也为下一季作物提供了良好的环境。

福建沿海地区是福建省的主要经济带,也是冬作马铃薯重要的生产基地,由于工业发展和肥料使用不当等原因,土壤酸化严重,宁德、福州、莆田、泉州、厦门、漳州等区市土壤pH值都小于7,特别是福州、莆田和漳州等处土壤的pH值都在4或5左右,属于强酸性土壤(陈迪云等,2010)。福建省浦城县位于福建省中部,由于人为因素,水稻土酸化严重。表2.1数据表明,浦城县水田土壤的pH值下降明显,酸性土壤比例从第二次土壤普查的34.5%,上升到2005年的95.8%,强酸性土壤增加了3.3%,微酸性土壤从64.9%下降到0.8%,说明浦城县水田土壤有明显的酸化趋势。"中稻—马铃薯"是浦城县种植制度之一,研究表明,连续三年采用稻草覆盖免耕栽培技术,对土壤pH影响并不明显,但稻秆还田可增加土壤碳容量,可以促进土壤酸碱平衡(黄功标,2014),缓解土壤酸化速度。

表2.1 浦城两次土壤检测酸碱度(pH值)变化分级表

土壤pH值划分	pH≤4.5 强酸性	4.5≤pH≤5.5 酸性	5.5<pH≤6.5 微酸性	6.5<pH≤7.5 中性
第二次土壤普查所占水田比例	0.1%	34.5%	64.9%	0.5%
2005年取土测定所占水田比例	3.4%	95.8%	0.8%	0%

湖南省8种主要成土母质发育的水稻土宁乡河沙泥、宁乡红黄泥、南县紫潮泥、湘潭紫泥田、株洲黄泥田、祁阳灰泥田、祁东县紫砂泥田、醴陵麻沙泥的pH值分别为5.4,6.2,7.6,7.4,4.7,6.8,6.1,4.7,平均为6.1,呈弱酸性。其中,南县的紫潮泥pH为7.5~8,为弱碱性;湘潭的紫泥田、祁阳灰泥田pH为6.5~7.5,为中性;宁乡红黄泥、祁东县紫砂泥pH均为5.5~6.5,为弱酸性;宁乡河沙泥、醴陵麻沙泥、株洲黄泥田pH为4.5~5.5,为酸性。株洲的黄泥田和醴陵的麻沙泥,特别是醴陵的麻沙泥砂性较重,缓冲性较弱,应通过增施有机肥,施用石灰和钙镁磷肥等措施予以纠正(肖志鹏,2008)。

湖北省水稻土pH平均值为6.3,主要分布范围为5.0~7.5。pH值在不同稻区的分布均存在一定的差异,从全省来看,土壤pH值具有西北高、东南低的特征(王伟妮等,2012)。

云南曲靖水稻土pH在4.34~8.26,23.9%的pH较低,68.7%的pH适中,7.5%的pH较高。江西水稻土pH值1981年为5.40,1997年为5.08,酸性相对增加5.9%,下降较多的土类是红沙泥田和紫色泥田,分别下降了14.50%和12.9%(叶厚专等,2000)。

2.3 土壤有机质

土壤有机质含量指单位质量土壤中含有的各种动植物残体与微生物及其分解合成的有机物质的数量。有机质可直接影响土壤的物理、化学及生物性质,是衡量土壤肥力高低的重要指标,也是农业可持续发展的重要因素(施新程等,2009)。土壤有机质的作用表现为:①丰富土壤中的营养物质；②改良土壤物理性状；③在分解过程中产生二氧化碳，引起局部土壤 pH 值的暂时下降，可提高磷酸盐和某些微量元素的有效性；④分解过程的中间产物及微生物代谢和自溶的物质，与土壤中的多价金属离子可形成比较稳定的络合物，从而加强土壤中难溶物质的溶化作用；⑤腐解过程中合成的腐殖质等有机胶体，与土壤中黏土矿物复合成胶体，可改善土壤的结构及理化性状，使水稳性团聚体和孔隙度增加，容重下降，提高土壤保水保肥性能，增加土壤的缓冲性，加速盐碱地的脱盐，降低红壤中活性铝和游离铁的危害。因各地土壤有机质水热条件及社会环境不同，每年进入土壤的动植物残体的数量多少不一，而且动植物残体的化学组成和在土壤中的分解强度各异，因此各种土壤的有机质含量和性质存在一定差异（陈桂秋等，2005）。秸秆还田对有机质的累积作用明显优于仅施化肥处理（马力等，2011）。

广东省有机质储量较为丰富，但分布极不均（林景亮，1991），粤北最高，其次为粤西和珠三角，粤东最低（曾招兵等，2013）。据全省 3285 个典型剖面的分析结果统计，全省土壤有机质含量平均为 $3.04\pm1.01\%$，变异系数 33.3%。耕层土壤有机质含量在 1984—2005 年间增加了 2.8 g/kg，上升幅度约 10%，每年平均增加 0.14 g/kg，但从 2006—2010 年全省有机质含量呈下降趋势，比"十五"期间降低 1.9 g/kg，下降幅度约 6%，每年平均降低 0.38 g/kg（曾招兵等，2013）。赤红壤、红壤和水稻土占全省面积的 86.0%，其表层土壤（$0\sim20$ cm）有机碳密度分别为 25.61，31.59，28.94 tC/hm²，$0\sim100$ cm 有机碳密度为 86.60，110.61，90.82 tC/hm²，两种土层厚度的密度排序都为赤红壤<水稻土<红壤（文雅等，2010）。其中，水稻土各亚类的有机质含量有一定差异，其含量由低至高依次为：淹育型（2.27%）<渗育型（2.35%）<潴育型（2.38%）<漂洗型（2.54%）<盐渍型（2.61%）<咸酸型（3.02%）<潜育型（3.02%）。表2.2 显示（黄继川等，2014），水稻土有机质含量以粤东最高，粤东是广东马铃薯的主产区；其次为粤西稻作区和粤北稻作区；而珠三角稻作区有机质含量最低。全省水稻土有机质含量变幅为 $10.0\sim65.0$ g/kg，平均为 30.6 g/kg，与第二次土壤普查平均为 24.5 g/kg 的水平相比，水稻土有机质含量有明显的提高，其中 1、2 级土壤分别上升 10.03，15.26 个百分点，3、4、5、6 级土壤分别降低 8.45，13.52，2.51，0.8 个百分点，全省水稻土有机质含量呈上升趋势（黄继川等，2014）。刘文区等（2011）调查发现，广东省惠东县马铃薯耕地的土壤有机质含量范围在 $2.6\sim66.2$ g/kg，平均为 23.39 g/kg。根据第二次土壤普查养分分级标准划分，广东省惠东县马铃薯主产区的耕地土壤有机质含量为 3、4 级的分别占 57.54% 和 22.23%，属中等水平。

表 2.2　广东省稻田土壤有机质调查结果（黄继川等，2014）

有机质含量等级	各级土壤所占比例					
	粤北	粤东	珠三角	粤西	全省	二普
1级，>40 g/kg(%)	12.28	22.22	12.50	17.07	15.63	5.60
2级，30～40 g/kg(%)	36.84	40.00	34.72	31.71	35.16	19.90
3级，20～30 g/kg(%)	40.35	24.44	36.11	37.80	35.55	44.00
4级，10～20 g/kg(%)	10.53	13.33	16.67	12.20	13.28	26.80
5级，6～10 g/kg(%)	0.00	0.00	0.00	1.22	0.39	2.90
6级，<6 g/kg(%)	0.00	0.00	0.00	0.00	0.00	0.80
最小值(g/kg)	13.7	14.1	10.7	10.0	10.0	—
最大值(g/kg)	65.0	52.5	52.5	63.8	65.0	—
平均值(g/kg)	30.4	32.4	29.5	30.8	30.6	24.5
变异系数	28.99	29.46	31.71	33.59	31.33	8.60

注："二普"表示广东省第二次土壤普查结果。

广西农业资源和农村经济信息地面公里网点监测了 36 个县(市、区)的农田土壤,发现土壤有机质含量平均为 31.92 g/kg,含量幅度水田为 2.5~92.8 g/kg,旱地为 2.2~85.1 g/kg。与"二普"结果比较,土壤有机质平均含量提高的有 33 个县(市、区),占 91.7%;减少的有 3 个县,占 8.3%。水田缺有机质的占 12.46%(黄文校等,2006)。不同土地利用方式下土壤有机碳含量存在一定差异。以广西环江县水田、林地和旱地为例:水田、林地、旱地土壤有机碳分布区间分别为 9.49~44.85 g/kg,9.23~43.82 g/kg,4.42~28.87 g/kg。水田(24.54±7.83 g/kg)和林地(24.84±10.18 g/kg)有机碳含量没有显著差异,但二者都极显著地($P<0.01$)高于旱地土壤有机碳(13.25±4.48 g/kg)。水田有 88% 的样本集中分布 10~35 g/kg 区间内,60% 的样本集中分布在 15~30 g/kg 区间内;林地有 71% 的样本集中分布在 10~35 g/kg 区间内,44% 的样本分布在 15~30 g/kg 区间内;旱地有 47% 的样本分布在 10~15 g/kg 区间内,77% 的样本集中分布在 10~35 g/kg 区间内(郑华等,2008)。第二次土壤普查显示,桂林市土壤有机质含量平均值为 3.66%,历经 19 年后,到 1998 年为 3.94%,提高 0.28 个百分点。桂林市水稻土绝大部分有机质含量处于中等以上,并且多数处于丰富和较丰富状态,1979 年含量>20 g/kg 的面积占 93.6%,1998 年占 96.89%,有机质缺乏面积不到 3.11%。土壤有机质含量提高与桂林市历年来有种植绿肥、秸秆还田和施用农家肥的习惯有关(蒋毅敏等,2011)。

福建省土壤有机质的平均含量为 30.4 g/kg(林景亮,1991)。土壤水耕熟化程度越高,腐殖质(有机质的主要组成成分)越富集,中亚区与南亚区总的分布趋势都是乌泥田>灰泥田>黄泥田,因为中亚区的水热条件利于腐殖质积累。南亚区的乌泥田、灰泥田、黄泥田、烂泥田、石灰性水稻土和旱地红壤在 0~20 cm 土层腐殖质含量分别为:2.49%,1.82%,0.74%,3.24%,3.45%,1.15%。其中含量最高的是石灰性水稻土,原因是受母质影响,土体中所含的钙离子比其他土壤高,而钙离子与腐殖酸(特别是新形成的腐殖质)结合形成牢固度较高的复合体,表现出其游离松结合态腐殖质的比例低,紧结合态的腐殖质比例高(方玲,1989)。沙县夏茂镇水稻土灰黄泥田、乌泥田、灰泥田、青底灰泥田、黄底灰泥田、灰砂田、青泥田、冷水田、浅脚烂泥田的有机质含量分别为 28.7,37.2,37.8,43.2,29.8,19.0,46.3,38.9 和 48.6 g/kg(陈加兵和曾从盛,2001)。其中以灰砂田青泥田、冷水田、浅脚烂泥田有机质含量高,普遍高于福建马铃薯主要冬作区土壤有机质含量(4.1~32.7 g/kg)(姚宝全,2008)。

湖南省主要稻田区土壤有机质含量平均为 25.29 g/kg,属中等偏上水平,但不同土壤类型之间含量差异较大。其中,以祁阳土壤的灰泥田、醴陵的麻沙泥和祁东的紫砂泥田有机质含量最高,平均在 30 g/kg 以上;其次是南县的紫潮泥,土壤有机质含量也较高,在 25~30 g/kg;以宁乡朱良桥的红黄泥土壤有机质含量最低,平均仅在 20 g/kg 以下,为较低水平(肖志鹏,2008)。海南水稻土有机质含量呈下降趋势,从"二普"时期的 26.0 g/kg 下降到 2004 年的 22.9 g/kg(漆智平等,2009),原因可能是海南处于热带地区,高温、高湿条件下有机质易分解,复种指数高,重用轻养,大量的耗竭土壤养分,土壤没有得到必要的休养生息;重化肥,轻有机肥,秸秆没有实现还田,而是大量焚烧。贵州南部 1985 年与 2010 年水稻土有机质含量比较发现:有机质含量丰富的(≥40 g/kg)比例减少 7.80 个百分点,较丰富的(30~40 g/kg)比例减少 2.6 个百分点,中等(20~30 g/kg)的比例增加 7.53 个百分点,较缺乏的(10~20 g/kg)比例增加 2.77 个百分点,缺乏(6~10 g/kg)的比例减少 0.04 个百分点,极缺乏的(<6 g/kg)比例增加 0.15 个百分点。2010 年有机质含量较高的比例均减少,向中等含量水平集中,而含量

较低的比例变化不大(谭克均等,2012)。

湖北省水稻土有机质平均值为 26.1 g/kg,主要分布范围为 10~40 g/kg。有机质在不同稻区的分布均存在一定的差异,从全省来看,有机质含量具有东南高、西北低的分布特征(王伟妮等,2012)。

2.4 土壤的大量元素

土壤中的大量元素包括氮、磷、钾,各地区土地利用方式、施肥和气候环境等各异,导致土壤中氮、磷、钾含量差异显著。土壤中的氮、磷、钾含量是决定马铃薯能否取得高产量、高品质的关键因素。研究表明:在南方冬作区土壤对产量的平均贡献率为 28.17%~60.5%,其中氮＞钾＞磷(陈洪等,2010;姚宝全,2008;章明清等,2012)。

2.4.1 氮素

氮素是构成一切生命体的重要元素,是蛋白质的主要成分,在植物生命中占有首要地位,被称为生命元素。其含量占蛋白质总量的 16%~18%。氮素是作物生长的重要营养元素之一,也是土壤肥力的重要指标。在作物生产中,作物对氮的需要量较大,土壤供氮不足是引起农产品产量下降和品质降低的主要限制因子。氮素更是冬作区马铃薯夺取高产的第一制约因子。土壤中氮素总量及各种存在形态与作物生长有着密切的关系。分析土壤全氮及其各种形态氮的含量是评价土壤肥力、拟定合理施用氮肥的主要根据。土壤的含氮量是土壤氮素矿化与积累的平衡结果,由于我国各地生物气候、成土母质、水文地质条件和土地利用方式程度不同,土壤全氮储量也存在明显的地域差异。土壤中的氮分为有机态和无机态,主要以有机态氮存在。无机氮包括铵态氮和硝态氮,是植物能直接吸收利用的生物氮;有机态氮指蛋白质、核酸、氨基糖及其多聚体等。无论是新形成的或是自然土壤中的腐殖物质,其中的氮素约 70%均以酰胺态存在,80%以上以多肽存在。土壤中各种形态氮素的生物学稳定性的差别并不大,它们处于动态平衡之中,研究表明:对耕地和未开垦地的研究表明,无论是自然植被下的砖红壤或是黑土,开垦后其全氮含量虽然下降了 50%~70%,但其氮素形态分布与未开垦的并无明显差异(朱兆良,2008)。

(1)全氮含量

土壤全氮含量是土壤氮素营养供给强度的重要指标,代表着土壤氮素的总储量和供氮潜力。土壤全氮受施肥、凋落物、作物吸收利用及土壤氧化还原状况等各种因素的影响。

广东省植被遭破坏历史较早,工业较发达,土壤酸化严重,导致土壤中的元素流失严重。水稻土缺氮面积占 62.8%,全氮含量为 1.24 g/kg,变异系数 9.1,标准差 0.17。水稻土全氮含量 1.32 g/kg,高于福建省,标准差 0.12,变异系数 13.9(广东土壤普查办公室,1993)。新会地区位于广东省东南部,是广东省马铃薯种植的重要基地,该区从 1982 年到 2003 年全氮从 1.60 g/kg 增加到 1.68 g/kg,全氮在该区域的中部、西部、南部和东部的大部分地区均呈增加趋势,占该区域耕地面积的 62.8%;只在西北部、中部和东部的部分地区呈减少趋势,造成这种变化的原因与农民的施肥有较大关系(甘海华等,2007)。1982 年和 2003 年新会地区土壤全氮含量在 1.5~2.0 g/kg 的面积最大,分别为 18982 hm²,20231 hm²,分别占该区域耕地面积的 70.1% 和 74.7%;其次是 1.5~1.0 g/kg,分别占 30% 和 16.2%(甘海华等,2007)。

广西全氮含量特点是：由西向东、由北向南逐渐递减，最低区是桂东南地区，也是马铃薯主产区。由于化肥大量施用，全氮含量有所提高，但各种重金属污染和酸化也相应地加重。黄文校等(2006)依据土壤不同亚类及其面积比例情况，在36个县(市、区)耕地监测样点上，每县(市、区)随机采集样土约50个，共1743个，其中水田1172个，旱地571个，并进行化验，结果显示：全氮含量平均为1.77 g/kg，含量幅度水田为0.06~5.99 g/kg，旱地为0.347~5.370 g/kg，有17.65%的县土壤全氮平均含量属中等以下水平，水田缺氮的占8.15%，旱地缺氮的占23.4%。与"二普"结果比较，全氮平均含量增加的有31个县(市、区)，占86.1%，减少的有5个县，占13.9%。郑华等(2008)对广西南部环江县的喀斯特峰林谷地土壤进行分析：不同土地利用方式下土壤全氮差异显著，水田土壤全氮含量(2.64 ± 0.76 g/kg)显著($P<0.05$)高于林地(2.45 ± 1.17 g/kg)，可能是由于水田氮肥的施用提高了氮素含量，水田和林地土壤全氮极显著地($P<0.01$)高于旱地(1.68 ± 0.53 g/kg)。

从地域来看，福建省土壤全氮含量分布规律从闽西北向闽东南递减，和有机质分布规律一致。表2.3是福建省各种土壤全氮含量统计表，山地草甸土全氮含量最高，其次是红壤和水稻土。表2.4是福建省各地区水稻土全氮含量，全省平均含量为1.39 g/kg，最高的是位于福建北部的建阳达到1.62 g/kg，南部地区全氮含量较低，厦门全氮含量只有1.00 g/kg。冬作马铃薯大部分是利用冬闲田进行生产，水稻土代表了冬作马铃薯大部分土壤，虽然全省水稻土全氮含量平均值较高，但高于平均值的地区主要集中在北部，而马铃薯普遍在全氮含量较低的南部地区栽培，如厦门、漳州和莆田等地，马铃薯栽培面积大，但是全氮含量相对于北部城市低。所以要注重氮肥的施用，以确保产量不会因缺氮而减产。

表2.3 福建省各土类全氮含量统计表

土类	山地草甸土	黄壤	红壤	水稻土	紫色土	石灰土	新积土	赤红壤	滨海盐土	潮土	风沙土
$\bar{x}$(g/kg)	3.71	1.88	1.49	1.39	1.25	0.79	0.79	0.75	0.66	0.62	0.90
s(g/kg)	0.63	0.041	0.282	0.157	0.041	0.853	0.032	0.084	0.174	0.082	0.167
CV(%)	17.0	2.2	18.9	11.0	3.3	108.0	4.0	11.2	26.4	13.2	18.6
n	18	211	775	1743	79	12	13	192	48	91	47

注：引自福建省土壤普查办公室主编的《福建土壤》，1991；其中$\bar{x}$, s, CV和n分别代表平均值、标准差、变异系数和样本数，下同。

表2.4 福建省各地(市)水田全氮含量统计表

项目	全省	建阳	三明	福州	莆田	龙岩	宁德	漳州	泉州	厦门
$\bar{x}$(g/kg)	1.39	1.62	1.61	1.44	1.43	1.38	1.25	1.22	1.07	1.00
s(g/kg)	0.157	0.251	0.241	0.148	0.230	0.109	0.191	0.050	0.169	0.183
CV(%)	11.3	15.5	15.0	10.3	16.1	7.9	15.3	4.1	15.8	18.31
n	1743	320	289	158	35	183	278	200	180	25

注：引自福建省土壤普查办公室主编的《福建土壤》，1991。

湖南主要水稻土全氮含量变化幅度在1.94~2.92 g/kg间，含量在2.50 g/kg以上的水稻土有：河沙泥田、紫泥田、黄泥田(黄运湘等，2000)。贵州东南部水稻土全氮含量在1983年为2.59 g/kg，2010年为2.25 g/kg，整体呈下降趋势，但平均值仍处于丰富状态。丰富的(≥

2.0 g/kg)比例增加 6.88 个百分点,较丰富(1.5～2.0 g/kg)、中等(1.0～1.5 g/kg)、较缺乏(0.75～1.0 g/kg)、缺乏的(0.5～0.75 g/kg)比例都减少,分别减少 4.66,0.82,1.39,0.14 个百分点,极缺乏的比例增加 0.13 个百分点(谭克均等,2012)。

(2)碱解氮

碱解氮又叫水解氮,它包括无机态氮和结构简单并能被作物直接吸收利用的有机态氮,它可供作物近期吸收利用,故又称有效氮。碱解氮含量的高低取决于有机质含量的高低和质量的好坏以及放入氮素化肥数量的多少。有机质含量丰富,熟化程度高,碱解氮含量亦高,反之则含量低。碱解氮在土壤中的含量不够稳定,易受土壤水热条件和生物活动的影响而发生变化,但它能反映近期土壤的氮素供应能力。

第二次土壤普查时广东省全省土壤碱解氮为 105.5 mg/kg,标准差 11.44,变异系数 10.9。水稻土碱解氮含量为 110.3 mg/kg,标准差 4.67,变异系数 4.2,高于全省平均水平,分布规律为:粤东最高,其次为粤西和粤北,珠三角含量最低(黄继川等,2014)。2014 年全省水稻土碱解氮含量变幅在 53.28～272.57 mg/kg,平均含量为 142.86 mg/kg,处于 90 mg/kg 以上的有 91.02%,比"二普"时期增加 32.56 mg/kg(黄继川等,2014)。广西南宁的第四纪红土发育的潴育性水稻土,0～10 cm 土层碱解氮含量为 75.38 mg/kg,10～20 cm 土层含量为 70.97 mg/kg(康轩等,2009)。福建省长乐市、南安市、同安区和龙海市的稻田土壤和旱地土壤碱解氮为 44～150 mg/kg(姚宝全,2008)。

湖北省水稻土碱解氮平均值为 124.2 mg/kg,主要分布范围为＞90 mg/kg。碱解氮在不同稻区的分布均存在一定的差异,从全省来看,碱解氮具有西南高、东北低的特征(王伟妮等,2012)。

2.4.2 磷素

磷是植物必需的三大营养元素之一,土壤磷含量主要取决于母质类型和磷矿石肥料。土壤中磷素的形态多样,相互之间不断转化,对磷肥的肥效和供肥能力产生影响。马铃薯需磷量相对于氮、钾要少,但磷素缺乏或者过多,也会对马铃薯生产造成负面影响。在三个制约因子(氮、磷、钾)中,南方冬作区为:氮＞钾＞磷(陈洪等,2010;章明清等,2012;姚宝全,2008),磷对马铃薯生产影响力最小;北方一季作区制约因子大小为:氮＞磷＞钾(段玉等,2008,2014),磷处于中间水平。说明磷肥在南方冬作区含量高于北方一季作区,造成这种情况的主要原因是:南方地区施用含磷肥较多。

(1)全磷

据第二次土壤普查,广东省 2467 个样本的化验结果表明,土壤磷素含量为 0.87 g/kg,变异系数 11.9。土壤的类型不同磷含量也不同,全省磷素以水稻土最高(0.92 g/kg),旱地土次之(0.77 g/kg),自然土较低(0.60 g/kg)。广东新会地区全磷含量＜0.4 g/kg 的面积从 1982 年的 17263 hm² 减少到 103 hm²;其次,全磷含量在 0.4～0.7 g/kg 的面积由 1982 年的 9829 hm² 增加到 17931 hm²,全磷含量在整个研究区域的增加与近 20 年磷肥的大量施用有很大的关系(甘海华等,2007)。磷肥价格相对便宜,农民大量施用,造成该区土壤磷含量过高,个别地区已达到抑制马铃薯生长的水平,产生负面作用。湖南省主要水稻土类型有河沙泥田、紫泥田、红黄泥田、灰泥田、黄泥田、潮沙泥田、麻沙泥田,其全磷含量分别为:0.85,0.86,0.60,0.57,0.81,0.66,0.43 g/kg(黄运湘等,2000)。

(2)有效磷

土壤水溶性磷和枸溶性磷,称为土壤有效磷,也叫土壤速效磷,其含量约占土壤全磷含量的1%。土壤熟化程度越大,土壤有效磷含量也越多。有效磷是当季作物从土壤中主要吸收的磷,在一定程度上可以反映土壤磷素的供应水平(广东土壤普查办公室,1993)。

广东省地处红壤、赤红壤和砖红壤地区,属酸性或强酸性的土壤面积很广,这些地区速效磷含量非常缺乏,并且施用磷肥后很容易被固定,效果较差,但是广东土壤磷肥含量却在上升,与施用含磷化肥较多有关,加上近年政府提倡稻草还田,免耕、少耕等原因土壤得到较好改良。第二次土壤普查显示,全省水稻土速效磷平均含量15.3 mg/kg,变异系数7.1(广东土壤普查办公室,1993)。2014年与第二次土壤普查相比,土壤有效磷相对提高了87.19%。其中处于1~3级的土壤为90.62%,有效磷含量变幅在5.06~144.14 mg/kg,平均含量为28.64 mg/kg(黄继川等,2014)。广东省农科院土肥所近年抽样进行系统测试结果显示,有效磷含量小于临界值的土样占43.3%,但有效磷含量大于3倍临界值的土样占20.0%,说明部分水稻土磷的供应已达到适宜甚至富裕的水平。其中不同区域之间以珠三角稻作区含量最高,其次为粤西稻作区和粤东及粤北稻作区,珠三角稻作区显著高于其他三个稻作区(陈建生,2001)。

黄文校等(2006)依据土壤不同亚类及其面积比例情况,在广西36个县(市、区)耕地监测样点采集土样进行分析,速效磷含量平均为19.59 mg/kg,含量幅度方面,水田为0.1~294 mg/kg,旱地为1.28~295 mg/kg,比"二普"时期提高了一个档次。福建马铃薯冬作区有效磷变化幅度为9.8~50.4 mg/kg(姚宝全,2008)。从"二普"到2004年,海南18个市(县)中有14个市(县)水稻土速效磷含量得到提高,平均值从9.9 mg/kg上升到33.9 mg/kg,很多区域的水稻土速效磷含量已经完全能够满足作物生长需求甚至盈余(漆智平等,2009)。2010年与1985年相比,贵州南部有效磷含量增幅36.53%,其中丰富的(≥20 mg/kg)增加23.66个百分点,较丰富的(15~20 mg/kg)比例增加1.87个百分点,而中等、较缺乏、缺乏、极缺乏的比例都减少,分别减少1.88,7.95,8.32,7.38个百分点。水稻土有效磷含量水平处于较高水平,且从1985年来有效磷处于不断积累状态(谭克均等,2012)。

湖北省水稻土有效磷含量平均值为13.1 mg/kg,主要分布范围为5~40 mg/kg。土壤有效磷含量在不同稻区的分布均存在一定的差异,但从全省来看,没有表现出明显的区域分布规律(王伟妮等,2012)。

2.4.3 钾素

钾对光合作用和淀粉形成具有重要作用,在马铃薯生长发育中参与同化物的合成、转运和分配。钾对于保持细胞和组织的渗透压有很大作用,尤其苗期,钾肥充足则植株健壮,茎秆坚实,叶片增厚,抗病力强,对马铃薯生长发育及产量形成有重要作用。

(1)全钾

据第二次土壤普查分析,广东土壤全钾平均含量为21.6 g/kg,变异系数10.8%;以水稻土较高,自然土壤次之,草地土壤最低。水稻土耕层全钾平均含量为22.8 g/kg,变异系数9.2%,含量>18.0 g/kg的占水稻土总面积的47.4%(广东土壤普查办公室,1993)。

土壤母质不同,全钾含量亦不同。福建省由黑云母花岗岩、火山凝灰岩、玄武岩和石英闪长岩4种母质发育的渗育型、潴育型和潜育红壤性水稻土耕作层及相应起源土壤表层的全钾含量均达到20 g/kg以上(康南奇等,1991)。

(2) 速效钾

土壤速效钾是指植物能直接从土壤吸收的离子态和吸附态的钾，其含量是衡量土壤钾素供应能力的主要指标。

"二普"时广东省土壤速效钾含量为 74.2 mg/kg，变异系数 1.7%。其中水稻土含量平均值为 55.0 mg/kg，变异系数为 17.4%，略低于旱地和坡地的 62.4 mg/kg（张发宝等，1998）。其中 50~100 mg/kg，30~50 mg/kg 分别占水稻土面积的 39.0% 和 27.4%（广东土壤普查办公室，1993）。2009 年和 2010 年的数据显示：土壤速效钾含量较第二次土壤普查平均下降 16.34 mg/kg，相对下降 22.11%。第二次土壤普查中土壤速效钾含量处于 1、2、3 级的土壤占 14.3%，而 2009 年和 2010 年的土壤调查 1、2、3 级土壤占 10.54%，下降 3.76 个百分点，总体处于缺乏的状态（黄继川等，2014）。贵州南部 2010 年水稻土速效钾含量较 1985 年下降 31.03%，较缺乏（50~100 mg/kg）、缺乏（30~50 mg/kg）、极缺乏（<30 mg/kg）的比例大幅增加，分别增加 9.43，12.19，5.68 个百分点，可见贵州水稻土速效钾处于亏缺状态（谭克均等，2012）。广西土壤二普时期土壤速效钾含量为 58.94 mg/kg，2003 年含量为 65.82 mg/kg，20 年间仅增加了 6.88 mg/kg，提高了 11.64%。2003 年土壤速效钾含量<50 mg/kg，水田占 88.89%，旱地占 77.91%。36 个县（市、区）中有 19 个县速效钾平均含量低于"二普"时期水平，占 58.8%（黄文校等，2006）。湖南省 8 个稻作区的中产和低产水稻土速效钾含量处于缺乏和严重缺乏水平（郑圣先等，2011）。总体上，海南省 2004 年水稻土速效钾含量较第二次土壤普查有一定程度的上升，虽然含量较高的 1 级由"二普"时的 1.83% 下降为 1.33%，2 级由 2.1% 下降为 1.31%，但 3、4、5 级水平百分含量有所上升，相比之下，6 级含量由原来的 32.54% 下降为 16.67%，平均值从 53.9 mg/kg 上升至 72.6 mg/kg（漆智平等，2009）。江西水稻土速效钾含量有改善趋势，1981 年平均含量为 38.8 mg/kg，1997 年增加到 87.02 mg/kg，相对增加 10.4%（叶厚专等，2000）。钾素是马铃薯需要最多的元素，也是南方冬闲田制约马铃薯生产的第二大限制元素，所以在生产过程中要格外地注意钾肥的施用，如施用量、时期和形式等因素都要考虑。

湖北省水稻土速效钾含量平均值为 89.1 mg/kg，主要分布范围为 50~150 mg/kg。速效钾在不同稻区的分布均存在一定的差异，从全省来看，速效钾具有西北高、东南低的特征（王伟妮等，2012）。

2.5 土壤的中量元素

土壤的中量元素包括硫、钙和镁，主要来自于母质和施肥。中国缺中量元素硫、镁、钙的土壤面积分别是 0.26 亿 hm^2、0.06 亿 hm^2、0.28 亿 hm^2，分别占耕地面积的 28%、58%、29.5%。土壤胶体吸附离子态的钙、镁，故钙、镁含量很低；钙含量受 pH 影响，pH 高，钙含量亦相对高，热带亚热带地区须用石灰进行调节。镁元素也和土壤 pH 呈正相关关系（温琰茂和曾水泉，1994）。

2.5.1 硫素

由于植物主要是吸收硫酸根态的硫（SO_4^{2-}），因此普遍认为，土壤诊断中以土壤有效硫效果最好。土壤有效硫主要包括存在于土壤溶液中的硫酸盐、吸附态的硫酸根和易分解的部分有机硫（张发宝等，2003）。目前，国内普遍评价有效硫丰缺状况的临界指标为 16 mg/kg（刘崇群和曹淑卿,1990)。但林葆等(2000)研究表明该指标值偏低,已不适应当前生产发展的需求,进而提出旱地和水田土壤有效硫的临界值分别为 21.1 mg/kg 和 23.8 mg/kg(林葆和李书田,2000)。但有研究表明,土壤有效硫含量低于 29 mg/kg 的情况下,增施硫肥可增加马铃薯产量并提高品质(林扬鹏,2003;张平良等,2010),施用过多反而会减产。

湖南省主要母质类型的稻田耕层土壤全硫含量(表 2.5)变化为 0.266~0.885 g/kg,平均含量为 0.539 g/kg。不同母质类型间全硫平均最高的为紫泥田 0.624 g/kg 和河沙泥田 0.610 g/kg;较低的为红黄泥田 0.413 g/kg 和黄泥田 0.426 g/kg。土壤有效硫含量变化幅度较全硫含量大,为 17.7~135.1 mg/kg,平均为 55.5 mg/kg。受母质影响程度也较全硫含量深刻。不同母质类型的稻田有效硫含量最高的是由石灰岩风化物发育的灰泥田 88.4 mg/kg,其次分别是紫泥田 65.8 mg/kg、潮沙泥田 50.5 mg/kg、红黄泥田 41.8 mg/kg 和黄泥田 28.6 mg/kg,麻沙泥田最低,为 27.0 mg/kg(黄运湘等,2000)。

表 2.5 湖南土壤耕层全硫、有效硫含量

土壤名称	样本数	全硫(g/kg)		有效硫(mg/kg)	
		范围	($x \pm s$)	范围	($x \pm s$)
河沙泥田	12	0.423~0.829	0.610±0.14	18.4~133.8	53.2±33.2
紫泥田	9	0.266~0.885	0.624±0.23	33.7~100.5	65.8±28.3
红黄泥田	8	0.278~0.720	0.413±0.15	17.7~71.0	41.8±16.7
灰泥田	5	0.359~0.620	0.489±0.10	50.0~135.1	88.4±35.6
黄泥田	3	0.302~0.652	0.426±0.19	18.2~44.7	28.6±14.1
潮沙泥田	2	0.396~0.720	0.558	25.4~75.6	50.5
麻沙泥田	1	0.468	0.468	27.0	27.0

土壤长期施用含硫化肥可影响土壤理化性质。已持续 26 年的湖南祁阳红壤大量施用含硫化肥(667 kgS/(hm²·a)),15 年后已导致水稻土表层土壤 pH 明显下降。不施硫处理 SO_4^{2-}-S 逐年下降,而施硫处理 SO_4^{2-}-S 有明显累积。施用含硫化肥 24 年后(1998 年),土壤有效 Cu、B、Mn 及全 Ca 含量有增加趋势,全 Fe 有减少趋势,对有效 Mo、Zn 及总 Mg 似乎没有影响(邹长明等,2004)。

广东省有 20.5%的水稻土缺硫或潜在性缺硫。而在日前生产条件下,近 80%的水稻上尚不缺硫,其主要原因是过去和现在都大量施用过磷酸钙,这种肥料含硫 12%~14%,基本满足了农作物对硫的需要。通过对广东省主要耕作土壤硫素状况的分析研究,调查的 292 个土样分布于粤西地区、珠江三角洲地区和粤东地区的 18 个市(县),土壤有效硫含量范围在 2.1~172.6 mg/L,平均为 44.6 mg/L;缺硫及潜在性缺硫的土样占总样本的 31.8%;按水稻土、菜园土、果园土等不同利用方式进行统计分类,土壤有效硫含量表现为:水稻土>菜园土>果园土,缺硫及潜在性缺硫土样概率分布为果园土(66.00%)>菜园土(27.6%)>水稻土(20.5%)(张发宝等,2003)。水稻土缺硫的概率较低,所以种植马铃薯前最好测试土壤有效硫含量,以免在不缺硫的土壤上施用硫,造成减产,浪费成本,甚至产生负面作用。近年来,有部分工业发达地区周边的土壤被污染,导致土壤硫含量超标,过量的硫会顺着食物链进入人体,导致各种疾病发生,危害人类健康。据调查,粤北大宝山高含硫多金属矿长期污染的水稻田中,硫的质量分数大幅度变化,从下游最低的 0.16 g/kg 到上游最高的 222 g/kg,均值是非污灌土壤的

60倍(李永涛等,2005)。

福建土壤有效硫含量平均为27.6 mg/kg,闽东南地区耕地土壤有效硫缺乏程度比闽西北地区高(彭嘉桂等,2005;林琼等,2007)。全省耕层土壤平均有效硫含量为27.6±23.5 mg/kg,其中<16 mg/kg的缺乏级占比例高,连同16~30 mg/kg潜在缺乏级已超过50%,说明福建是贫硫土壤省份(彭嘉桂等,2005)。水田土壤有效硫含量为27.7±75.3 mg/kg,旱地土壤平均有效硫含量为27.5±22.6 mg/kg,由此可见,水田、旱地两大不同耕地利用类型的土壤有效硫平均含量差异不大,但是旱地硫没有水田硫分布均匀(彭嘉桂等,2005)。水田中不同土种的土壤有效硫含量以埭田最高,灰沙泥田最低,旱地则以灰赤土最高而风沙土最低(林琼等,2007)。水田主要土种土壤有效硫含量为:埭田>冷烂田>灰泥田>黄泥田>灰黄泥田>灰黄沙泥田>灰沙泥田,以海积物发育的埭田为最高,平均达48.1±23.7 mg/kg;而以河流冲积物发育的灰沙泥田为最低,平均仅17.8±17.4 mg/kg(彭嘉桂等,2005)。

2.5.2 钙素和镁素

钙和镁元素是植物必需的营养元素,而且植物中的含钙量和含镁量会随植物生长条件、种类及器官而发生变化。不同母质发育而来的土壤,钙镁含量亦不同;同样母质发育来的土壤,其有效钙镁的含量受植被种类覆盖、土壤侵蚀程度等有关,植被生态环境对土壤质量产生重要作用。土壤中的钙、镁受土壤酸碱度影响,pH高,其含量亦高。我国南方地区土壤偏酸性,广西、广东和福建土壤含钙、镁低于全国平均水平。我国31个省(区、市)的17790个土壤样品中有效镁的含量从12 mg/L到44689 mg/L不等,平均含量为3206 mg/L(白由路等,2004)。南方红壤平均有效镁含量仅为37.2 mg/kg,几种土壤类型供镁能力排序为:水稻土>棕色石灰土>暗泥质砖红壤>泥质红壤>麻硅质红壤>硅质红壤>红土质红壤(黄鸿翔等,2000)。水稻土的有效镁含量较高,这可能与政府推广稻草还田和施肥等人类活动有关。冬作区栽培马铃薯最经典的模式是:早稻—晚稻—马铃薯,可直接利用晚稻的秸秆覆盖,既节省人力,并能促进马铃薯出苗,也实现了稻草还田,提高土壤镁元素含量。

福建省永春县400个有代表性的水稻土土样中交换性钙含量的平均数为839.2 mg/kg,其中处于丰富水平的土样数占90.2%,说明耕地土壤交换性钙含量整体较为丰富(姚建族等,2014)。土地利用方式不同,钙含量也不同。不同土地利用方式的钙含量排序为:主产植烟土壤(1059.3 mg/kg)>稻作区(839.2 mg/kg)>果园土壤(705.6 mg/kg)(谢志南和庄伊美,1997;唐莉娜等,2008;姚建族等,2014)。

2.6 土壤的微量元素

微量元素指土壤中含量很低的化学元素。在植物正常的生长过程中,对微量元素的需要很少,一般作物体内的微量元素含量仅为总量的百万分之几到十万分之几,但他们的作用却不可忽视,微量元素可以影响到作物的生长发育、产量及农产品品质等方面。

2.6.1 有效硼含量

所有微量元素中,中国土壤缺硼最普遍。土壤中的硼可简单分为全硼和有效硼。土壤全硼是指土壤中所存在的硼的总和,包括植物可利用的硼和不能利用的硼两部分。土壤有效硼是指植物可从土壤中吸收利用的硼。因此,土壤缺硼与否完全取决于土壤中的有效硼含量。我国土壤水溶态硼含量分布的趋势与土壤全硼量相同。据有关资料,我国土壤全硼量范围在 0~500 mg/kg,平均为 64 mg/kg。土壤含硼量与成土母质、土壤类型及气候条件等有密切的关系。各种类型土壤有效硼含量差异显著。我国土壤全硼量大致分布为由北向南、由西向东呈逐渐降低的趋势。根据全国第二次土壤普查数据,全国耕种土壤缺硼面积多达 5 亿亩。广东、福建、广西等耕地缺硼比例均大于 60%。根据土壤有效硼含量的分布,我国的低硼和缺硼地区主要有二:一是在南方是红壤区,包括砖红壤、砖红壤性红壤、红壤、黄壤和紫色土等;二是北方的缺硼土壤主要是黄土和黄河冲积物发育的土壤,包括绵土、娄土、黄潮土等,褐土、棕壤和暗棕壤也可能缺硼。热带亚热带地区大部分是红壤和砖红壤,属于低硼和缺硼区。该区土壤偏酸性,人们习惯用石灰调节,而活性钙可能与磷酸盐形成沉淀,硼在被碳酸钙吸附的同时,还可与磷酸氢钙发生共沉淀(朱端卫等,1994),导致硼有效性降低。

广东省的第二次土壤普查结果显示:有效硼(沸水法)的平均值为 0.262 mg/kg,低于缺硼临界值 0.5 mg/kg,属于硼缺乏或偏低地区。全省除沿海一些冲积性水稻土有效硼含量接近临界值之外,几乎全省各类水稻土有效硼都缺乏(广东省土壤普查办公室,1993)。广西 86 个县(市),土壤全硼含量范围为 15.902~96.240 mg/kg,平均为 52.723 mg/kg,呈正态分布。全区土壤有效硼含量范围为 0.032~0.710 mg/kg,平均为 0.199 mg/kg,普查表现为缺乏(吴其祥和朱树标,1991)。福建永春县水稻土有效硼含量平均值为 0.4 mg/kg,处于严重缺乏状态(姚建族等,2009)。贵州水稻土全硼含量为 37~156 mg/kg,平均值为 88 mg/kg,高于全国土壤平均含量(64 mg/kg),高于世界土壤平均值(20 mg/kg),全省水稻土有效硼含量范围为 0.01~0.4 mg/kg。平均含量为 0.16 mg/kg,100% 的样点的硼含量低于缺硼临界值,全省水稻土普遍缺硼(何亚琳和付舜珍,1992)。

2.6.2 有效锌含量

我国土壤中全锌含量范围为 3~709 mg/kg,平均含量约在 100 mg/kg,土壤含锌量与成土母质中的矿物种类及其分化程度有关。从成土母质看:以石灰岩及硅质岩发育的土壤,有效锌含量较高,紫色岩及第四季红土发育的土壤,有效锌含量较低。其高低趋势为:石灰岩>冲积物>红土母质>花岗岩>砂页岩>紫色岩>洪积物(黄奕伦等,1987)。

广东省旱地和坡耕地存在土壤供应锌不足的状况(陈建生,2001)。广西北纬 21.7°以南为砖红壤,北纬 21.7°~23.5°为赤红壤,北纬 23.5°以北为红壤,全省各土带全锌含量从南到北有增加的趋势,全锌含量范围值为 3.32~392.08 mg/kg,平均含量为 84.38 mg/kg,标准差 57.80 mg/kg,95% 的置信区间为 84.38±8.45 mg/kg,高于世界平均含量(50 mg/kg)而低于全国平均含量(100 mg/kg)(黄奕伦等,1987)。广西旱地土壤全锌含量比水田高,水田含量为 78.81 mg/kg,旱地为 119.51 mg/kg(黄文校等,2006)。福建省土壤全锌含量为 79.1 mg/kg,低于全国平均水平(中国环境监测总站,1990)。贵州南部水稻土有效锌含量较为丰富,并处于上升趋势,2010 年平均含量达 3.68 mg/kg,其中潜育型、漂洗型、脱潜型含量较高(谭克均等,2012)。

2.6.3 有效铜含量

铜是植物正常生命活动所必需的微量矿质元素,也是人类所必需的微量营养元素,人体内铜的缺乏或过高都会导致各种疾病。铜元素背景值区域分布特征是西南和华中地区明显高于其他地区,全国呈现出中部高南北低、西部高东部低的变化规律。土壤中的含铜量一般为2~100 mg/kg,在我国土壤含铜量为0.3~272 mg/kg,平均值为21.9 mg/kg,因此不同地域土壤中铜含量的背景值也不尽相同(王宝奇,2007)。成土母质不同,土壤全铜含量有明显差异(表2.6)。花岗岩发育的土壤全铜含量最高,平均为33.31 mg/kg;其次是沙页岩发育的土壤,为30.08 mg/kg;石灰岩发育的土壤全铜含量最低,平均仅为12.19 mg/kg(刘斌等,2006)。

表2.6 不同成土母质发育的土壤全铜含量

成土母质	含量变幅(mg/kg)	平均数(mg/kg)	变异系数(%)
洪积物	7.31~24.65	12.36	45.95
第四纪红土	7.71~75.04	28.79	54.32
花岗岩	6.13~66.74	33.31	50.62
紫色岩	15.69~44.90	29.00	39.79
沙页岩	7.41~101.18	30.08	65.59
石灰岩	1.03~25.02	12.19	56.52
冲积物	7.27~57.57	29.46	53.29

福建省铜背景值变化范围为6.5~89.4 mg/kg,中位值为17.3 mg/kg(中国环境监测总站,1990)。有研究对2242个采自广西不同类型的耕地表层土壤样品进行有效铜含量分析,结果表明,广西耕地土壤中铜的含量比较丰富,全铜含量在1.03~151.00 mg/kg,平均27.41 mg/kg,高于全国和世界平均含量;有效铜含量在0.01~19.19 mg/kg,平均2.48 mg/kg,低于0.2 mg/kg缺铜临界值的土壤只占样点的0.49%(刘斌等,2006;黄文校等,2006)。其中水田全铜含量为8.81~128.00 mg/kg,平均为27.07 mg/kg(黄文校等,2006)。1985年贵州南部有效铜平均含量为2.5 mg/kg,2010年为2.28 mg/kg,下降幅度为8.80%。变化趋势是较高和较低向中间水平集中,很丰富(≥5 mg/kg)、极缺乏(≤1 mg/kg)的比例分别减少2.72,11.92个百分点,丰富(3~5 mg/kg)、中等(2~3 mg/kg)、缺乏(1~2 mg/kg)的比例分别减少6.94,4.86,2.84个百分点(谭克均等,2012)。湖南土壤全铜含量较为丰富,范围在10~65 mg/kg,平均为23.3 mg/kg,含量在10 mg/kg以下的土壤只占1.6%,10~20 mg/kg的占40.3%,20~30 mg/kg的占46.8%,而大于40 mg/kg的只占3.2%,分布较集中,全铜含量普遍较高。水稻土全铜含量在10~31 mg/kg,平均值22.8 mg/kg。湖南土壤有效铜的含量较为丰富,平均值为2.98 mg/kg,变幅为0.01~7.94 mg/kg,高低相差794倍。分布频率较为集中,有93%的土壤有效铜含量都达到丰富水平。水稻土有效铜含量为0.04~7.92,均值为3.05 mg/kg(余崇祥和廖文奎,1994)。

2.6.4 有效铁含量

酸性土壤中有效铁含量较高(鲍士旦,2000)。广东省水稻土有效铁含量丰富,供应状况也好。据估计(广东省土壤普查办公室,1993),广东省水稻土平均含量为266.3 mg/kg,大大超过缺铁临界值。另据报道(张新明,2007),广东省珠江三角洲典型水稻土的有效铁含量极丰富,12个县(市、区)的有效铁含量范围为150.9~543.3 mg/kg。土壤中铁含量与施肥密切相关,湖南水稻土长期定位试验结果表明:不施肥与单施氮、磷、钾肥土壤中有效铁含量无明显变化;施用有机肥可显著提高大部分土壤有效铁含量(陈建国等,2008)。因为有机肥中含有大量的铁,它们施入土壤后释放出有效铁(Grybos et al.,2007;Lavado et al.,1999)。贵州南部水稻土有效铁含量在 1985 年(157.3 mg/kg)与 2010 年(60.4 mg/kg)间处于严重下降趋势,降幅达 61.60%(谭克均等,2012)。

2.6.5 有效锰含量

土壤中的锰可分成水溶态、吸附态、碳酸盐及强吸附态、金属有机物络合态、铁锰氧化物结合态、有机结合态、残留态等多种形态。pH 大于 6.5 时,在质地较轻的土壤中,通透性良好、氧化还原电位较高,使得锰以高价状态存在而难为植物吸收利用。所以,缺锰多半发生在质地较轻的石灰性土壤中,酸性土壤只有在过量施用石灰的情况下才会诱发缺锰(丁维新,1994)。热带亚热带地区土壤偏酸性,往往会出现锰供应过量而毒害植物的现象。

世界土壤全锰含量平均为 850 mg/kg,范围为 20~10000 mg/kg。全国土壤含锰平均值为 585 mg/kg,范围值为 42~3000 mg/kg。湖南全锰背景值为 441 mg/kg,云南为 486.5 mg/kg,低于全国水平。云南水稻土全锰含量在 550.0~443.5 mg/kg 范围内,均值为 485.3 mg/kg(赵维钧,2004)。广东全省水稻土有效锰含量较丰富,供应状况较好。据佛山、梅县、韶关、汕头等地的分析统计,全省水稻土有效锰(DTPA 液提取)平均含量为 61.30 mg/kg,最高为 334.8 mg/kg,远高于缺锰临界位 5 mg/kg。而贵州南部有效锰含量比较稳定,大约为 23.00 mg/kg(谭克均等,2012),属于中等水平。

2.6.6 活性铝含量

铝占地壳重量的 7.1%。土壤中的铝元素主要源自成土母质,在不同成土过程中,铝元素发生迁移和富集现象,导致其含量不同于母岩,反映了地带性特征(中国科学院南京土壤研究所,1987),其含量(Al_2O_3)为:砖红壤(290 g/kg)>赤红壤(265 g/kg)>红壤(200 g/kg 土),土壤全铝量(17%~29%)比一般岩石全铝量(14%~16%)高(刘英俊等,1984),也说明了这些酸性土壤的富铝化特征。土壤溶液中铝的含量将取决于土壤 pH,酸性土壤(pH<5.0)含铝矿物质会溶解,使得可溶性铝得以进入土壤水(土壤溶液),在 pH<5 时,通常认为可溶性铝是重要的生长限制因素(Wright et al.,1992),即发生铝的毒害作用。铝毒可造成植物根系减少,对水分和养分的吸收会受到限制。用含氯化铝浓度为 0.2 mmol/L、pH 为 4.5 和氯化铝浓度为 0.2 mmol/L、pH 为 6.8 的溶液擦拭马铃薯种的三切面,结果表明,pH 为 4.5 时,马铃薯细胞死亡数最高。提高 pH 可以有效地缓解铝对马铃薯的毒害。在土壤溶液中,酸碱度的不同导致了铝以不同价态的形式存在,因此土壤的酸碱度与植物的抗病性有一定的关系(时玮玮等,2008)。在闽东南地区,马铃薯主产区土壤 pH 为 5.0~7.1(姚宝全,2008),在全省范围内 110 个冬作马铃薯试验点的土壤 pH 范围为 5.8±0.8(章明清等,2012)。广东省 4948 个水稻土样品的 pH 值为 3.28~8.84,平均为 5.73(余涛等,2011)。以 Wright 提出的 pH<5.0 才会产生铝毒害现象来评价,福建马铃薯产生铝毒害作用的概率较广东小。

2.6.7 有效钼含量

土壤全钼含量反映土壤钼素潜在的供应能力。地球岩石圈的全钼含量为 2.5~15.0 mg/kg。据报道,世界各地土壤的全钼平均含量为 2.0 mg/kg;我国土壤全钼含量为 0.1

~6.5 mg/kg,平均为1.7 mg/kg。土壤有效钼反映了当前作物钼素营养供给的丰缺程度。

贵州土壤全钼含量为0.256~6.426 mg/kg,平均含量为1.7 mg/kg,与全国平均含量一致,略低于世界土壤全钼含量的平均值,大部分含量在0.5~1.5 mg/kg范围内,最高值为最低值的25倍,分布比较离散。贵州土壤有效钼含量为0.01~1.09 mg/kg,平均值为0.15 mg/kg,最高值为最低值的109倍,分布呈现明显的不均衡性。低于缺钼临界值(0.01~0.15 mg/kg)的占61.8%,高于临界值(0.16~2.00 mg/kg)的占38.2%。这一分布规律表明,贵州存在较大面积的缺钼(何亚琳和付舜珍,1992)。据广西758个土样分析统计,土壤有效钼平均含量为0.09 mg/kg,土壤有效钼含量普遍偏低,且极不平衡,变化幅度大,严重缺钼的土壤占到72.82%。水稻土有效钼含量范围为0.006~0.575 mg/kg,平均值为0.087 mg/kg,变异系数95.77%,也处于严重缺钼状态(刘斌等,1996)。

2.6.8 有效硅含量

稻田土壤有效硅含量与土壤肥力呈正相关关系,尤其同一地区或相同母质发育的土壤正相关性更为明显;其次与土壤质地也有明显相关,一般泥田有效硅含量丰富,壤土有效硅含量中等,砂土有效硅含量较低。稻草还田可提高土壤有效硅含量,稻草中含硅11.0%,有效硅为450.3 mg/kg,有研究表明,稻草还田若干年后有效硅比无稻草的田块提高了23.9%,与原始土壤中有效硅的含量相比,提高了18.4%(姜佰文等,2009)。

对福建省179个土壤样品分析结果表明(表2.7),土壤有效硅(SiO_2,下同)平均为80.4±17.2 mg/kg,有效硅含量在50 mg/kg以下的占41.9%,50~100 mg/kg的占37.4%,大于100 mg/kg的仅占20.7%,低于100 mg/kg(缺硅)的占79.3%,可见福建省是一个土壤缺硅的省份。这主要是由于福建地处亚热带气候区,土壤具有强烈的脱硅富铝化和生物富集为主的形成过程,土壤有效硅淋失严重。同时,由于气候、地形、母质、年龄、生物及人类耕作活动不同,形成了多种特性不一的土壤类型。福建省主要土类有效硅含量(表2.7)除盐渍土外都在100 mg/kg以下,黄壤还极缺(<50 mg/kg),平均仅为38.6 mg/kg。水稻土面积占全省总耕地面积的80%,80个土壤样品的平均有效硅含量为79.8 mg/kg,其中低于100 mg/kg的占83.5%,而低于50 mg/kg的达39.2%。由此可见,福建省耕地土壤缺硅是相当广泛而严重的。不同亚类的水稻土因发育条件不同,有效硅含量高低有别,长期积水的潜育性水稻土和盐渍性水稻土高于一般水稻土(蔡阿瑜等,1991)。

表2.7 福建省主要土类土壤有效硅(SiO_2)含量

土类	样品数	含量范围(mg/kg)	$\bar{x}±s$	不同等级土样数(%)		
				<50	50~100	>100
全省	179	5.8~49.0	80.4±17.2	41.9	37.4	20.7
赤红壤	25	9.3~227.0	77.8±10.1	48.0	28.0	24.0
红壤	34	5.8~228.0	62.8±13.2	50.0	35.5	14.5
黄壤	8	13.9~82.8	38.6±6.7	75.0	25.0	0.0
紫色土	9	29.2~147.0	71.5±9.7	33.3	56.6	11.1
潮土	10	14.1~144.0	77.2±7.1	20.0	50.0	30.0
盐渍土	13	47.3~419.0	189.0±29.1	15.4	7.7	76.9
水稻土	80	14.0~449.0	79.8±16.4	40.0	43.7	16.3

广东水稻土有效硅含量大致可分为4种类型：第一种类型，硅含量极丰富（$SiO_2 \geqslant 450$ mg/kg），仅占分析土壤的5.56%，主要分布在河流下游三角洲平原的小部分高肥力泥肉田或油格田；第二种类型，硅含量丰富（250~450 mg/kg），占16.67%，大部分分布在三角洲平原的泥肉田、油格田、潮砂泥田等；第三种类型，硅含量中等（150~250 mg/kg），占22.22%，多分布于河流两岸、红壤丘陵谷地下缘的泥田或砂泥田；第四种类型，硅含量缺乏（50~150 mg/kg），占55.55%，广泛分布在红砂岩、花岗岩和浅海沉积物母质发育的砂质田，以及位于红壤丘陵阶地轻质第四纪红色黏土母质发育的水稻土、烂渍田和反酸田（柯玉诗等，1993）。广东新会地区有效硅含量为2.80~359.67 mg/kg，平均为88.27 mg/kg，标准差69.84，变异系数79.12%（彭凌云等，2005）。

2.7 土壤的稀土元素

我国是稀土资源大国，储量约占全球的80%，我国土壤中稀土元素的含量由南向北和由东向西呈逐渐降低的态势，但较其他微量元素如锌、锰等要缓和得多，变化幅度较小，因此区域性差异也较小。据全国1187个土壤标本的分析结果，土壤中稀土元素的总含量为190 mg/kg，变化范围是18~582 mg/kg。中国南方红壤中稀土元素总量主要集中在150~200 mg/kg范围内，且土壤剖面层的底土层含量最高；稀土元素的分布模式表明，红壤中轻稀土元素间略有分异，而轻、重稀土元素间及重稀土元素间没有明显分异；稀土元素含量与红壤中有机质、黏粒含量及阳离子交换量间的相关性很弱，而与红壤中铁锰氧化物及磷酸盐呈显著的正相关关系（杨元根和袁可能，1999）。水稻土和潮土中铁锰氧化物对土壤稀土元素的总量和地球化学分馏均有显著影响。水稻土和潮土中稀土元素在剖面中的分馏程度也受到铁锰氧化物含量的影响，低含量的铁锰氧化物会加大不同发生层之间稀土元素的分馏程度（章海波和骆永明，2010）。广东的酸性红壤稀土含量范围为185.92~290.5 mg/kg，平均值为204.18 mg/kg（杨元根和袁可能，1999）。稀土元素总丰度、轻稀土丰度和游离铁间存在显著的正相关关系，不同母质发育的红壤性水稻土稀土元素总丰度和土壤游离铁的平均水平均为：玄武岩母质＞石英闪长岩母质＞黑云母花岗岩母质＞凝灰岩母质（唐南奇，2002）。稀土元素在土壤中主要以残渣态存在，占总含量的33%~80%；晶体铁锰氢氧化物共沉淀态占10%~31%；腐殖质和无定形氧化物吸附态占5.0%~18%；可交换态和碳酸盐结合态占4.0%~23%；无定形铁锰氧化物共沉淀态低于3%（郭鹏然等，2008）。可给态稀土元素的含量随提取剂而变化，1 mol/L醋酸钠浸出的稀土量一般为痕迹208 mg/kg，平均12 mg/kg。稀土元素可给性较低的土壤主要分布在东北、西北、内蒙古和西藏等地，华北平原和黄河中下游地区也存在着不足的可能性（丁维新，1994）。

从20世纪70年代开始，我国开始将稀土元素应用到农业生产中，至90年代初，农业使用稀土元素的面积累计达到了9300万亩（解惠光，1991；解惠光和郑铁军，1987）。水稻、玉米、蔬菜等植物施用稀土元素后，均能促进植物生长，增强抗性，提高产量和品质（关贤交，2005；曾令军等，1993；闵蔚宗等，1996；倪梅娟等，2006）。研究表明，将稀土元素应用到马铃薯栽培中，能提高马铃薯的产量和品质（解惠光，1991；解惠光和郑铁军，1987）。

稀土肥料对马铃薯有延缓细胞衰老的作用，从而使马铃薯生育期延长，有利于干物质合成与积累。施用稀土肥料后，马铃薯整个生育期生长旺盛，光合作用旺盛，大大延长了光合作用期限,为马铃薯高产提供了生理基础。稀土肥料对马铃薯环腐病的侵染和晚疫病的扩散蔓延有一定抑制作用。施用稀土肥料可使单株经济性状得到改善,生物产量、大中薯所占比率明显提高(杨祁峰,2005)。在干旱土壤墒情差的地区,用稀土旱地宝浸种,马铃薯显示出极强的抗旱、抗病能力,并使生育期提前;马铃薯环腐病、黑胫病减轻,晚疫病发病迟且严重度降低;同时还显著提高了马铃薯的产量水平(毛万湖和邢国,2006)。

2.8 马铃薯田土壤肥力评价

作物产量与土壤肥力水平密切相关,含有机质较多、土层深厚、组织疏松和排灌条件好的壤土或沙壤土最适合马铃薯生长,这两种土壤疏松透气、富含养分、水分充足,并给块茎生长提供了优越舒适的生长条件,这类土壤还为中耕、培土、灌水、施肥等农艺措施的实施提供了便利。章明清等(2012)将种植马铃薯的土壤肥力分为"高"、"中"和"低"3个等级,即空白区产量大于 22500 kg/hm² 的土壤肥力水平定为"高",空白区产量介于 22500~15000 kg/hm² 的土壤肥力水平定为"中",空白区产量小于 15000 kg/hm² 的土壤肥力水平定为"低"。并根据福建省 110 个氮、磷、钾肥效试验结果,建立冬作马铃薯氮、磷、钾施肥指标体系,每个土壤肥力等级的试验点数分别为 23,45 和 42 个。根据空白区和平衡施肥的产量,计算基础土壤对马铃薯产量的贡献率。平均而言,空白区产量为(174567±464)kg/hm²,平衡施肥产量为(28832±9170)kg/hm²,土壤对马铃薯产量的平均贡献率为 60.5%。基础土壤对马铃薯产量的贡献率与土壤肥力等级成负相关关系,随着土壤肥力等级的下降,增产效果明显提高。用配对法 t 值测定对氮、磷、钾肥效进行统计检验(表 2.8),结果表明,马铃薯施用氮、磷、钾具有显著增产效果,平均增产率分别达到 29.4%,12.8% 和 19.1%,但不同土壤肥力等级的增产效应有一定差异。在高肥力等级土壤的氮、磷、钾增产率分别为 22.4%,11.0% 和 16.4%,在中等肥力等级土壤的氮、磷、钾增产率分别为 28.5%,15.3% 和 18.3%,在低肥力等级土壤则分别为 42.4%,14.4% 和 22.8%(表 2.9)(章明清等,2012)。

表 2.8 土壤肥力对冬作马铃薯产量的贡献率

土壤肥力等级	试验数(个)	不同处理产量(kg/hm²)		土壤贡献率(%)
		CK(无肥区)	NPK(平衡施肥区)	
高	23	28532±6075	39492±11267	72.2
中	45	18012±1998	29094±4486	61.9
低	42	10795±3072	22713±5629	47.5

表 2.9 氮、磷、钾化肥在不同土壤肥力等级上对马铃薯产量的影响

土壤肥力等级	试验数(个)	不同施肥处理平均产量(kg/hm²)				平均增产(%)		
		N,P,K	P,K	N,K	N,P	N	P	K
高(CK>22500 kg/hm²)	23	39492	30615	35130	33030	22.4**	11.0**	164**
中(22500~15000 kg/hm²)	45	29094	21646	24940	23760	28.5**	15.3**	18.3**
低(CK<15000 kg/hm²)	42	22713	13074	19438	17544	42.4**	14.4**	22.8**

而姚宝全(2008)根据近年来应用"3414"完全方案和部分实施方案的 15 个田间试验结果,

以不施肥处理(处理 1,N0P0K0)马铃薯的产量高低水平,将土壤肥力分为高、中、低 3 个等级,即无肥区产量高于 15000 kg/hm² 为高肥力水平,在 7500~15000 kg/hm² 为中等肥力水平,产量低于 7500 kg/hm² 则为低肥力水平。广东省马铃薯空白产量从 8000~25362 kg/hm²(李小波等,2013;刘晓津等,2010),中等肥力水平占多数,肥力水平属中等偏上。广西平果县、桂平市空白产量分别为 20461.9 kg/hm²,12600 kg/hm²(黎应文,2008;梁宁珠,2013),均达到了高肥力水平。

而陈明玮等(2014)利用土壤中有机质、全氮、速效氮、全磷、速效磷、全钾、速效钾、有效钙、有效镁、有效铁、有效锌、有效铜、有效锰的含量高低来评价薯田土壤肥力,结果为:同一种营养元素在不同产区的含量差异显著;西南产区和东北产区土壤有机质含量丰富,西北产区和中原产区土壤有机质较为缺乏;西南产区氮含量丰富,西北产区和中原产区氮缺乏;东北产区、西北产区和中原产区磷缺乏;西南产区和西北产区钾缺乏。大部分产区土壤中有效钙含量都比较丰富,只有云南、四川、重庆的部分地区含量较低;有效镁的含量普遍较低;有效铁、锌、铜、锰含量都很丰富。表 2.10 为评价马铃薯土壤丰缺指标(陈明玮等,2014)。

表 2.10 土壤养分分级标准

养分	很丰富	丰富	中等	缺乏	很缺	极缺
全氮(g/kg)	>2.0	1.5~2.0	1.0~1.5	0.75~1.0	0.5~0.75	<0.5
全磷(g/kg)	>1.0	0.8~1.0	0.6~0.8	0.4~0.6	0.2~0.4	<0.2
全钾(g/kg)	>25	20~25	15~20	10~15	5~10	<5
有效氮(mg/kg)	>150	120~150	90~120	60~90	30~60	<30
有效磷(mg/kg)	>40	20~40	10~20	5~10	3~5	<3
有效钾(mg/kg)	>200	150~200	100~150	50~100	30~50	<30
有效铁(mg/kg)	>20	10~20	4.5~10	2.5~4.5	<2.5	—
有效锰(mg/kg)	>30	15~30	5~15	1~5	<1	—
有效铜(mg/kg)	>1.8	1.0~1.8	0.2~1.0	0.1~0.2	<0.1	—
有效锌(mg/kg)	>3.0	1.0~3.0	0.5~1.0	0.3~0.5	<0.3	—
有效钙(mg/kg)	>4800	1200~4800	400~1200	200~400	—	<200
有效镁(mg/kg)	—	>180	120~180	60~120	<60	—
有机质(g/kg)	>40	30~40	20~30	10~20	6~10	<6

如表 2.11 所示,广西桂林雁山区马铃薯种植区的土壤全氮含量较丰富,有效磷含量属中等偏高水平,土壤速效钾含量属偏低水平,对于氮、磷含量较丰富的区域应控制氮肥和磷肥的施用量,合理增施钾肥,氮、磷含量缺乏的区域,合理增施氮、磷、钾肥。锰、硼、锌、铁等微量元素能加速马铃薯植株发育,提高马铃薯的产量和质量。雁山区马铃薯种植区土壤的有效铁和有效铜含量均较高,因此铁和铜的供应一般能满足马铃薯生长的需要,不需施铁、铜微量元素肥。土壤有效锰平均含量虽然较高,但分布不均,大部分土壤有效锰含量为低水平。土壤有效锌含量中等,并且含量丰富、中等、缺乏的面积基本上各占 1/3。因此,对锰、锌缺乏的土壤需适量施用锰、锌微量元素肥。由于马铃薯对锰、锌较敏感,施肥时应注意施用量和施用方法(朱华龙等,2013)。

表 2.11　雁山区马铃薯种植区土壤肥力参数含量及各级分布

肥力参数	范围	平均值	标准差	变异系数(%)	各等级所占比例(%)					
					丰富	较丰富	中等	较缺	缺	极缺
有机质	7.30~69.50	39.60	12.40	31.30	50.16	29.70	12.21	6.60	1.33	—
全氮	0.32~4.14	2.29	0.81	35.34	68.65	12.21	11.88	2.31	2.97	1.98
有效磷	1.00~154.40	24.50	21.00	85.70	10.89	33.66	42.90	9.90	1.65	1.00
速效钾	20.00~432.00	69.00	52.00	75.40	2.64	1.98	7.92	46.54	36.63	4.29
有效铁	0.060~311.00	24.90	42.80	171.90	23.10	23.43	39.93	9.57	3.97	—
有效锰	0.10~318.00	13.50	26.50	196.30	13.53	9.20	25.74	46.53	5.00	—
有效铜	0.10~14.30	1.80	1.04	57.78	42.24	43.89	13.87	—	—	—
有效锌	0.02~5.75	0.90	0.77	85.56	2.31	33.66	32.67	14.85	16.51	—

注：表中除有机质、全氮的单位为 g/kg，其他养分的单位均为 mg/kg。

参考文献

白由路,金继运,杨俐苹.2004.我国土壤有效镁含量及分布状况与含镁肥料的应用前景研究[J].土壤肥料,(2):3-5.

鲍士旦.2000.土壤农化分析[M].北京:中国农业出版社.

蔡阿瑜,薛珠政,彭嘉桂,等.1997.福建土壤有效硅含量及其变化条件研究[J].福建省农科院学报,12(4):48-52.

蔡如棠.1980.广西土壤地域性分布规律[J].广西农业科学,(10):19-24.

曹先维.2012.广东冬种马铃薯优质高产栽培实用技术[M].广州:华南理工大学出版社.

曹先维,汤丹峰,陈洪,等.2013.高产冬种马铃薯的钾素吸收、积累、分配特征研究[J].热带作物学报,34(1):33-36.

陈迪云,谢文彪,宋刚,等.2010.福建沿海农田土壤重金属污染与潜在生态风险研究[J].土壤通报,41(1):194-199.

陈桂秋,黄道友,苏以荣,等.2005.红壤丘陵区土地不同利用方式对土壤有机质的影响[J].农业环境科学学报,24(2):256-266.

陈洪,张新明,全锋,等.2010.氮磷钾不同配比对冬作马铃薯产量、效益和肥料利用率的影响[J].中国马铃薯,24(4):224-229.

陈加兵,曾从盛.2001.主成分分析、聚类分析在土地评价中的应用——以福建沙县夏茂镇水稻土为主要评价对象[J].土壤,33(5):243-246,256.

陈建国,张杨珠,曾希柏,等.2008.长期定位施肥对湖南水稻土有效态微量养分的影响[J].湖南农业大学学报(自然科学版),34(5):591-596.

陈建生.2001.广东省耕作土壤主要养分障碍及其对策[J].广东农业科学,(1):30-32.

陈明玮,郭华春,李超,等.2014.中国马铃薯主产区植地土壤养分初步评价[J].中国马铃薯,28(1):30-34.

丁维新.1994.中国土壤中稀土元素的概况[J].稀土,15(6):44-48.

段玉,妥德宝,赵沛义,等.2008.马铃薯施肥肥效及养分利用率的研究[J].中国马铃薯,22(4):197-200.

段玉,张君,李焕春,等.2014.马铃薯氮磷钾养分吸收规律及施肥肥效的研究[J].土壤,46(2):212-217.

方玲.1989.福建几种水稻土腐殖质组成及其特性[J].福建农学院学报,18(1):77-82.

甘海华,彭凌云,卢瑛,等.2007.广东新会地区耕地土壤肥力指标的时空变异性[J].应用生态学报,**18**(7):1464-1470.

关贤交.2005.微肥和稀土对玉米形态、生理及产量的影响[D].长沙:湖南农业大学.

广东省土壤普查办公室.1993.广东土壤[M].北京:科学出版社.

郭鹏然,贾晓宇,段太成,等.2008.土壤中稀土元素的形态分析[J].分析化学,**36**(11):1483-1487.

何亚琳,付舜珍.1992.贵州土壤钼硼锌含量分布及微肥应用[J].贵州农业科学,(5):37-42.

洪彩誌,戴树荣.2010.南安市马铃薯测土配方施肥指标的研究[J].江西农业学报,**22**(9):79-83.

黄昌勇.2000.土壤学[M].北京:中国农业出版社.

黄功标.2014.福建稻区连续3年稻秆还田腐熟的培肥增产效应[J].中国农学通报,**30**(12):71-76.

黄鸿翔,陈福兴,徐明岗,等.2000.红壤地区土壤镁素状况及镁肥施用技术的研究[J].土壤肥料,(5):19-23.

黄继川,彭智平,徐培智,等.2014.广东省水稻土有机质和氮、磷、钾肥力调查[J].广东农业科学,(6):70-73.

黄文校,滕冬建,聂文光,等.2006.广西耕地土壤质量调查与评价[J].广西农业科学,**37**(6):703-706.

黄奕伦,朱树标,林楚珊.1987.广西土壤锌含量及不同土壤类型施锌效应研究Ⅱ:不同土壤类型稻田施锌效应[J].广西农业科学,(2):55-56,54.

黄运湘,郭春秋,张杨珠,等.2000.湖南省稻田土壤硫素状况研究[J].土壤与环境,**9**(3):235-238.

姜佰文,李建林,张迪,等.2009.氮素和生物调控下稻草还田对土壤肥力和产量的影响[J].东北农业大学学报,**40**(11):43-46.

蒋毅敏,朱华龙,赵昀,等.2011.桂林市郊区水稻"3414"肥料效应田间试验[J].广西农学报,**26**(6):1-3.

解惠光,郑铁军.1987.稀土元素对马铃薯产量和品质的影响[J].中国马铃薯,**1**(3):30-31.

解惠光.1991.中国稀土元素在农业上应用研究进展[J].科学通报,(8):561-564.

金黎平,罗其友.2013.我国马铃薯产业发展现状和展望[A].中国作物学会马铃薯专业委员会.马铃薯产业与农村区域发展[C].中国作物学会马铃薯专业委员会:11.

康轩,黄景,吕巨智,等.2009.保护性耕作对土壤养分及有机碳库的影响[J].生态环境学报,**18**(6):2339-2343.

柯玉诗,黄继茂,肖参明,等.1993.广东水稻土的硅及氮硅连应研究[J].广东农业科学,(6):22-24.

况雪源.2007.广西气候区划[J].广西科学,**14**(3):278-283.

黎应文.2008.冬种马铃薯不同施肥量对产量及主要经济性状的影响[J].中国马铃薯,**22**(4):228-229.

李福忠,黄民波.2008.冬种马铃薯稻草覆盖免耕栽培对土壤肥力的影响[J].广西农学报,**23**(6):24-25.

李小波,安康,方志伟,等.2013.广东冬种马铃薯测土配方施肥试验初报[J].热带农业科学,**33**(12):4-6.

李永涛,张池,刘科学,等.2005.粤北大宝山高含硫多金属矿污染的水稻土壤污染元素的多元分析[J].华南农业大学学报,**26**(2):22-25.

梁宁珠.2013.不同氮肥施用量与施肥方式对冬种马铃薯产量的影响[J].中国园艺文摘,(7):26-27.

廖雪萍,梁骏,黄梅丽,等.2012.广西冬耕季农业气候资源对冬种马铃薯布局的影响[J].气象研究与应用,**33**(4):47-52.

林葆,李书田.2000.土壤有效硫评价方法和临界指标的研究[J].植物营养与肥料学报,**6**(4):436-445.

林景亮.1991.初评《中国土壤系统分类(首次方案)》[J].土壤,(6):332-333,318.

林琼,李娟,陈子聪,等.2007.福建耕地土壤硫肥效应及其临界指标研究[J].土壤通报,**38**(5):966-970.

林扬鹏.2003.硫肥在马铃薯上的肥效试验研究初报[J].福建热作科技,**28**(3):16-18.

刘斌,黄玉溢,陈桂芬.2006.广西耕地土壤铜的含量及其影响因素[J].广西农业科学,**37**(6):707-709.

刘崇群,曹淑卿.1990.中国南方农业中的硫[J].土壤学报,**27**(4):398-404.

刘文区,黄文苏,刘伟锋,等.2011.惠东县马铃薯耕地土壤肥力现状及改良对策[J].广东农业科学,(16):51-54.

刘晓津,方志伟,李一聪,等.2010.广东冬种马铃薯不同肥效试验[J].中国马铃薯,**24**(1):26-28.

刘英俊.1984.元素地球化学[M].北京:科学出版社.

马力,杨林章,肖和艾,等.2011.施肥和秸秆还田对红壤水稻土有机碳分布变异及其矿化特性的影响[J].土壤,43(6):883～890.

毛万湖,邢国.2006.稀土旱地宝浸种对马铃薯防病效果试验[J].中国马铃薯,20(1):26-28.

米健,罗其友,高明杰.2011.南方冬作区马铃薯增产潜力与适度规模[J].安徽农业科学,39(9):5124-5127,5174.

WrightRJ,孟赐福.1992.土壤铝毒与植物生长[J].土壤学进展,(2):29-33.

闵蔚宗,李燕昆,钟淑琳,等.1996.水稻喷施稀土复合微肥的效应[J].西南农业学报,9(3)89-94.

倪梅娟,蔡玉祺,王娟娟,等.2006.稀土元素对非充分灌溉水稻生长和养分吸收的影响[J].扬州大学学报,27(3):26-28.

农光标,黄绍富,张美英,等.2011.广西天等县耕地土壤酸化的初步研究[J].南方农业学报,42(2):177-181.

彭嘉桂,章明清,林琼,等.2005.福建耕地土壤硫库、形态及吸附特性研究[J].福建农业学报,20(3):163-167.

彭凌云,甘海华,吴靖宇.2005.江门市新会区耕地土壤有效性Si,Ca,Mg的空间变异特征[J].水土保持学报,19(2):26-28.

漆智平,魏志远,李福燕,等.2009.海南水稻土养分时空变异特征[J].土壤通报,40(6):1292-1297.

施新程,王洪友,黄旺志,等.2009.豫南杉木人工林主伐年龄研究[J].福建林业科技,36(3):50-55.

时玮玮,张波,李红玉.2008.土壤铝存在形式对马铃薯抵抗侵染软腐病菌的影响[J].安徽农业科学,36(19):8153-8155.

谭克均,刘文锋,胡腾胜.2012.黔东南州水稻施肥调查及水稻土养分变化探析[C].贵州省土壤学会2012年学术研讨会,中国贵州贵阳.

唐莉娜,陈顺辉,林祖斌,等.2008.福建烟区土壤主要养分特征及施肥对策[J].烟草科技,(1):56-61.

唐南奇,赵剑曦.1991.福建红壤性水稻土钾素的Q/I特性[J].福建农学院学报,20(1):84-89.

唐南奇.2002.红壤性水稻土稀土与铁体系变异相关性研究[J].中国稀土学报,20(4):344-349.

王宝奇.2007.土壤铜锌老化过程及其影响因素的研究[D].哈尔滨:东北农业大学.

王伟妮,鲁剑巍,鲁明星,等.2012.水田土壤肥力现状及变化规律分析——以湖北省为例[J].土壤学报,49(2):319-330.

温琰茂,曾水泉.1994.中国东部石灰岩土壤元素含量分异规律研究[J].地理科学,14(1):16-21.

文雅,黄宁生,匡耀求.2010.广东省山区土壤有机碳密度特征及空间格局[J].应用基础与工程科学学报,18(S1):10-18.

翁定河,黄文华,李丽娟,等.2006.福建冬种马铃薯优势分析[A].中国作物学会马铃薯专业委员会.2006年中国作物学会马铃薯专业委员会年会暨学术研讨会论文集[C].中国作物学会马铃薯专业委员会:4.

吴永贵,杨昌达,熊继文,等.2008.贵州马铃薯种植区划[J].贵州农业科学,36(3):18-25.

吴其祥,朱树标.1991.广西土壤硼资源普查及应用研究[J].广西农业科学,(1):20-26.

肖志鹏.2008.湖南省主要类型水稻土肥力状况及湘珠牌水稻专用肥肥效研究[D].长沙:湖南农业大学.

谢志南,庄伊美.1997.福建亚热带果园土壤pH值与有效态养分含量的相关性[J].园艺学报,24(3):209-214.

徐明岗,梁国庆,张夫道,等.2006.中国肥力演变[M].北京:中国农业科学技术出版社.

许炼烽,刘腾辉.1996.广东土壤环境背景值和临界含量的地带性分异[J].华南农业大学学报,17(4):58-62.

杨祁峰.2005.稀土肥料对马铃薯增产效果的对比试验[J].中国马铃薯,19(6):354-357.

杨世琦,高阳华,罗孳孳.2013.重庆地区马铃薯气候适宜性区划研究[J].南方农业,7(S1):71-74,89.

杨元根,袁可能.1999.中国南方红壤中稀土元素分布的研究[J].地球化学,28(1):70-79.

姚宝全.2008.冬季马铃薯氮磷钾肥料效应及其适宜用量研究[J].福建农业学报,23(2):191-195.

姚建族,章明清,李娟.2014.永春县水稻土肥力状况及其若干指标演变特点[J].福建农业学报,29(1):82-87.

叶厚专,范业成,陶其骧.2000.江西水稻土养分状况研究[J].土壤肥料,(1):12-15.
余崇祥,廖文奎.1994.湖南土壤有效铜的含量与分布[J].湖南农业科学,(5):40-41.
余涛,杨忠芳,侯青叶,等.2011.我国主要农耕区水稻土有机碳含量分布及影响因素研究[J].地学前缘,18(6):11-19.
赵记军.2008.南方水稻土不同种植模式下微生物多态性研究[D].兰州:甘肃农业大学.
赵维钧.2004.云南土壤锰元素背景值及其特征研究[J].云南环境科学,23(5):23-25.
曾令军,卢益武,佘定璧.1993.农用稀土对主要粮食作物生长发育及产量的影响[J].四川农业大学学报,11(1):174-177.
曾招兵,汤建东,刘一峰,等.2013.广东耕地土壤有机质的变化趋势及其驱动力分析[J].土壤,41(1):84-89.
张发宝,陈建生,刘国坚.1998.广东龙眼立地土壤基本养分状况分析[J].热带亚热带土壤科学,7(1):31-35.
张发宝,陈建生,徐培智,等.2003.广东主要耕作土壤硫素状况分析[J].广东农业科学,(5):33-35.
张平良,郭天文,段英华,等.2010.含硫复合肥(SEF肥)对马铃薯产量及其品质的影响[J].作物杂志,(4):36-39.
章海波,骆永明.2010.水稻土和潮土中铁锰氧化物形态与稀土元素地球化学特征之间的关系研究[J].土壤学报,47(4):639-645.
章明清,姚宝全,李娟,等.2012.福建冬种马铃薯氮磷钾施肥指标研究[J].福建农业学报,27(9):982-988.
张新明.2007.耕地质量与配方施肥[A].在:珠江三角洲耕地质量评价与利用(广东省土壤肥料总站编著)[M].北京:中国农业出版社:109-122.
郑华,苏以荣,何寻阳,等.2008.土地利用方式对喀斯特峰林谷地土壤养分的影响——以广西环江县大才村为例[J].中国岩溶,27(2):176-181.
郑圣先,廖育林,杨曾平,等.2011.湖南双季稻种植区不同生产力水稻土肥力特征的研究[J].植物营养与肥料学报,17(5):1108-1121.
中国环境监测总站.1990.中国土壤元素背景值[M].北京:科学出版社.
中国科学院南京土壤研究所.1987.中国土壤(第二版)[M].北京:科学出版社.
朱端卫,皮美美,刘武定.1994.土壤硼不同化学库特性研究Ⅱ:钙在土壤硼转化过程中的作用初探[J].华中农业大学学报,13(5):473-480.
朱华龙,蒋毅敏,杨培权,等.2013.桂林市雁山区马铃薯种植区土壤养分现状及建议[J].现代农业科技,(17):243-244.
朱兆良.2008.中国土壤氮素研究[J].土壤学报,45(5):778-783.
庄卫民,林景亮.1986.福建水稻土分类的研究[J].福建农学院学报,15(2):101-111.
邹长明,高菊生,王伯仁,等.2004.长期施用含氯和含硫肥料对土壤性质的影响[J].南京农业大学学报,27(1):117-119.

Grybos M, Davranche M, Gruau G, et al. 2007. Is trace metal release in wetland soils controlled by organic mattermobility or Fe-oxyhydroxides reduction[J]. *Journal of Colloid and Interface Science*, **314**: 490-500.

Lavado R S, Porcelli C A, Alvarez R. 1999. Concentration and distribution of extractable elements in a soil as affected by tillage systems and fertilization[J]. *The Science of the Total Environment*, **232**:185-191.

第3章 南方冬闲田马铃薯生产中的肥料资源特征

肥料有"植物粮食"之称,是马铃薯生产中主要的投入物质(胡霭堂等,2003)。肥料的施用不仅是马铃薯高产的保证,同时在一定程度上决定着马铃薯品质的优劣及生态环境质量。本章主要介绍南方冬闲田马铃薯生产过程中常用肥料资源的种类。马铃薯肥料资源依其来源和化学属性可分为无机肥料和有机肥料两大类。其中,无机肥料资源就是指化学合成肥料,简称为化肥,包括大量元素肥料资源和中微量元素肥料资源;有机肥料资源范围稍微有所放大,指所有产自农业生产循环或农村农民生活、生产循环之中或直接来自生物的所有能用作作物营养的东西,包括作为肥料的各种动植物残体、生活废弃物、土杂肥和绿肥、微生物肥。

3.1 有机肥料资源

有机肥俗称农家肥,是指含有大量生物物质、动植物残体、排泄物、生物废物等物质的缓效肥料。其种类繁多,可分为:粪尿肥类、堆沤肥类、秸秆肥类、绿肥类、土杂肥类、饼肥类、海肥类、腐殖酸类、农用城镇废弃物、沼气肥等十大类,每一类又可以分为若干个品种。有机肥中不仅含有植物必需的大量元素、微量元素,还含有丰富的有机养分,是种养分较全面的肥料(崔世安等,1999)。

3.1.1 有机肥料

(1)粪尿肥类

粪尿肥类主要是人粪尿、畜禽粪尿、蚕沙、其他动物等排泄物的总称(崔世安等,1999)。人粪尿易分解、数量大,是一种高氮的速效性有机肥料,其中人粪有效性比人尿慢。因此,合理储存和利用人粪尿是农业生产中一项重要的增产技术措施。畜禽粪尿是指牛、马、猪、羊、鸡、鸭、鹅等排泄的粪尿,是农村中量大、面广的肥源。家畜禽粪尿是积制厩肥、堆沤肥的主要原料,而厩肥、沤肥又是我国农田培肥改土的重要肥源。沼气肥资源主要来自猪粪。其他动物粪肥、蚕沙、海鸟粪等也是一类很好的有机肥料。

粪尿肥一直是我国普遍施用的重要有机肥之一,其数量很大。据统计(杨帆等,2010),2008年我国规模化养殖场共有107.4万个,养殖数量483244万头(只),粪便总量77558万t(该次调查中规模化养殖场是指粪、尿产量100 t/a以上的养殖场)。这类肥源数量将随人口的增加和畜牧业的发展而增加,如何更好地利用畜禽粪便这类有机肥资源,减少因养殖业发展造成的环境破坏,还有很大的潜力可挖。

(2)堆沤肥类

堆沤肥包括堆肥、沤肥、厩肥等,是我国农村中广泛积制的有机肥料(崔世安等,1999)。它们以秸秆、杂草、树叶、绿肥、泥炭、垃圾及农用废弃物为原料,加入适量人畜粪尿,进行堆积或沤制而成。北方以堆肥为主，南方水网地区则以沤肥最多。堆肥的堆制过程以好气分解为主，发酵温度较高；而沤肥多在水层下沤制，以嫌气分解为主，发酵温度较低。它们的共同特点是让原料充分腐熟。

堆肥有两种：一种是普通堆肥，发酵时温度较低，腐熟过程中积温变化不大，腐熟所需时间较长；另一种是高温堆肥，以纤维质多的作物秸秆为原料，加入适量的骡马粪和人粪尿，发酵时温度较高，有明显的高温阶段，堆腐的时间较短，对促进堆肥中物料的腐熟及杀灭病菌、虫卵和杂草种子都有一定的作用。这是我国南方和北方农村普遍使用的一种肥料。沤肥是我国南方水稻产区广为采用的一种肥料。如江西、安徽的窖肥，浙江、江苏的草塘泥（或灰塘灰）等（朱光琪，1957），利用有机物质同泥土混合在一起，在淹水条件下，经过微生物的作用在嫌气条件下分解而成。沤肥腐熟所需时间长，有机物质分解速度慢，有机物质损失少，腐殖质累积多。沤肥的养分含量比厩肥稍低，要把沤肥制好，最好把以前沤制好的沤肥留一部分作引子，加粪引子的作用，好比做面包时加一点酵种，能使面发得快的道理一样。除此之外，还要加些含氮多的肥料，如人粪尿、硫本铵、油饼等，以加速肥料的腐烂，提高沤肥的质量。

厩肥是家畜粪尿、垫料和饲料残屑的混合物经腐熟而成的肥料。我国北方多以土壤为垫料，故称为"土粪"或"圈粪"；南方多以秸秆或青草为垫料，故称为"草粪"或"栏粪"。厩肥中含有丰富的有机质和各种养分，属于完全肥料（胡霭堂等，2003）。厩肥的性质基本上与堆肥相类似，属于热性肥料。相关研究发现（盛积贵，2009），羊厩肥对马铃薯不同生育时期全株铁累积吸收量各不相同，在多数时期表现为正效应。

(3) 秸秆肥类

秸秆是农作物（包括粮食作物和经济作物）成熟后收获其籽实所剩余的地上部分的茎叶、藤蔓或穗的总称。它含有作物生长必需的无机营养成分，属于完全营养。作物秸秆除了堆制或沤制肥料外，直接还田也是利用有机质的一种较好的形式。秸秆直接还田是指在前茬作物收获之后，把作物秸秆直接翻入土中作为后茬作物的基肥。目前的秸秆还田有多种形式，总结起来可为五大类：覆盖还田、焚烧还田、粉碎翻压还田、过腹还田和堆沤还田。其中，覆盖还田不仅培肥地力，还有保墒作用，我国广东省沿海地区冬作马铃薯采用稻草覆盖免耕栽培技术，卓有成效；焚烧还田既污染环境，又损失肥力，不宜提倡。

据调查（农业部新闻办公室，2011），2009 年全国农作物秸秆理论资源量为 8.20 亿 t（风干，含水量为 15%）。从品种上看，稻草约为 2.01 亿 t，占理论资源量的 25%；麦秸为 1.50 亿 t，占 18.3%；玉米秸为 2.65 亿 t，占 32.3%；棉秆为 2584 万 t，占 3.2%；油料作物秸秆（主要为油菜和花生）为 3737 万 t，占 4.6%；豆类秸秆为 2726 万 t，占 3.3%；薯类秸秆为 2243 万 t，占 2.7%，具体见图 3.1。

从区域分布上看（图 3.2），华北区和长江中下游地区的秸秆资源最为丰富，理论资源量分别约为 2.33 亿 t 和 1.93 亿 t，占总量的 28.45% 和 23.58%；其次为东北区、西南区和蒙新区，分别约为 1.41 亿 t、8994 万 t 和 5873 万 t，占总量的 17.2%、10.97% 和 7.16%；华南区和黄土高原区的秸秆理论资源量较低，分别约为 5490 万 t 和 4404 万 t，占总量的 6.7% 和 5.37%；青藏区最低，仅 468 万 t，占总量的 0.57%。

随着热带亚热带地区复种指数的提高，优良品种的出现，施肥量的增加，栽培技术和栽培条件的改善等，农作物的产量也会随之提高，秸秆的数量相应增多，并且类型多样，是重要的有机肥源。

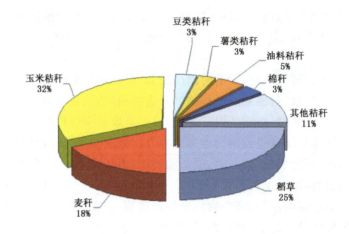

图 3.1　各种农作物秸秆占总资源量比例

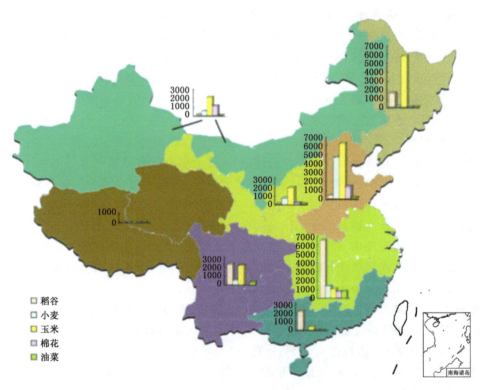

图 3.2　各区域农作物秸秆资源量

我国沿海地区早春大棚覆盖马铃薯栽培中,秸秆覆盖摆薯方式比常规种薯出薯晚 12 d 左右,相对于常规种薯而言,稻草秸秆覆盖应更注重防止冻害,确保棚内温度不得低于 0 ℃,因为稻草中会积累水分引起冻害。沿海地区稻草秸秆覆盖种植马铃薯,较常规种薯产量增加 10%～30%,效益增加 20%～40%,覆盖厚度以 8 cm 最佳(林红梅等,2013)。

在福建 6 个典型县(市)连续进行 3 年稻秆还田腐熟对稻田土壤的培肥试验(黄功标,2014),结果表明,与基础土壤相比,连续 3 年稻秆还田腐熟,各试验区土壤有机质提升 11.3%,容重下降 12.9%,均达到极显著差异水平;土壤全氮、全磷、全钾、有效磷、速效钾、缓效钾和阳离子交换量都有明显增加；与常规施肥(CK)相比，后季作物平均增产7.1%，增产效应为马铃薯(8.8%)＞莴苣(7.2%)＞水稻(6.8%)＞烟叶(5.5%)。稻秆还田腐熟不仅培肥地力，而且促进增产稳产。

(4) 饼肥类

饼肥，俗名油饼，又叫油枯，是含油较多的种子榨取油分后的残渣。我国南方农民常用的饼肥资源种类主要有花生饼、豆饼、菜籽饼、油茶饼等，可作肥料，也可作为饲料。这一般取决于当地的主要种植作物。饼肥富含有机质，并含有相当数量的钾及微量元素，氮、磷为有机态，易被微生物分解，钾素为水溶性的，可被作物吸收利用。不同饼肥的养分含量不尽相同。

由于饼肥含有大量的有机质和蛋白质，又含有油脂及脂溶性维生素，营养价值高，大都用作饲料。在生产饼肥的地方，可先作饲料，通过牲畜过腹还田，一举两得。与此类似的肥料资源，还有菇渣。有些油饼中含有毒素，如茶籽饼中的皂素，菜籽饼中的皂素和硫甙，棉籽饼中的棉酚，蓖麻子饼中的蓖麻素等，不能直接做饲料，必须通过化学处理或选育不含毒素品种，方可饲用，以提高饼肥的利用价值(胡霭堂等，2003)。

(5) 土杂肥类

土杂肥是我国传统的农家肥，具有来源广、种类多、就地积制等特点，土杂肥包括各种土肥(熏土、炕土、老房土、墙土、硝土、地皮土、炭土)、泥肥(河泥、湖泥、塘泥、沟泥、海泥)、糟渣肥、骨粉、草木灰(水稻秆灰、玉米秆灰、小麦秆灰、棉花秆灰、荞麦秆灰等)、屠宰场废弃物等，土杂肥一般很少单独用，往往都是与其他有机肥料混合施用，这种肥只要施用得当，有一定的增产作用。

由于人民生活水平的改善，炕土、老房土、墙土已日益减少(胡霭堂等，2003)。熏土又称火土或烧土，是用稻秆、杂草等有机材料与农田表土混合熏烧制成，它是山区、半山区及部分平原地区的一种肥源。熏土肥肥效快而持久，可作基肥、种肥或早期追肥使用。泥肥中养分含量虽不多，但养分均衡，并含有较多的胶质物，使用后可以加厚土层，改善土壤物理性质，增强土壤保水、保肥能力，从而促进植株生长。草木灰作物秸秆、柴草、枯枝落叶等燃烧后剩下的灰分统称草木灰。其成分复杂，植物体所含的灰分元素，草木灰中都有。但以钾、钙含量为最多，磷次之，多作钾肥用。草木灰适用于除盐碱地以外的各种土壤，尤其适用于酸性土壤。可作基肥和追肥。施用前要用2~3倍的湿土拌和，或淋上少量的水将灰湿润。

(6) 腐殖酸肥类

利用泥炭、褐煤、风化煤等原料，采用不同的生产方式，制取含有大量腐殖酸和作物生长发育所需要的氮、磷、钾及某些微量元素的产品，就叫腐殖酸肥料，相当于有机无机复合肥。常见的腐殖酸肥料品种有腐殖酸铵、硝基腐殖酸铵、腐殖酸磷、腐殖酸铵磷、腐殖酸钠、腐殖酸钾、高氮腐殖酸铵等。由于腐殖酸肥只有溶于水才能显现其生理活性，所以在旱地施用时要注意灌水。在农业生产上，固体的腐殖酸肥料(如腐殖酸铵等)主要用作基肥。液体腐殖酸肥料可用作基肥、追肥、拌种、灌根、滴灌或随水冲洗。

我国从20世纪70年代起，腐殖酸肥料已用于农业生产。近年来，在我国山东、山西、陕西、河北、江苏、上海、北京、新疆、河南等地已经建起了一批生产腐殖酸系列复混肥的工厂。在腐殖酸类复混肥生产工艺改进和规模扩大的同时，其生产方法及原料的选择利用也有了长足进展(程亮等，2011)。随着根外施肥方式的普及，腐殖酸叶面肥在农业上逐渐被应用。腐殖酸喷洒在叶面上后，能使叶面气孔缩小，减少水分蒸腾，提高农作物抗旱能力。腐殖酸已作为主要植物调整剂用作叶面肥的组分,在农业上正获得越来越广泛的应用。

惠满丰是一种有机腐殖酸活性肥(侯桂兰等,2000),施用惠满丰腐殖酸活性肥后马铃薯增产效果好,而且品质好,口感佳,无烂薯,无畸形,表面光滑,块茎大小均匀一致。在沙壤土对马铃薯进行的不同用量生物腐殖酸有机肥的施肥试验(李平海等,2004),结果表明马铃薯施腐殖酸有机肥的最经济的施肥水平为 80 kg/hm²。

(7)海肥类

我国海岸线长达 3.2 万 km,海洋资源丰富,海肥指海产品加工的废弃物和一些不能食用的海洋生物、植物及矿物性物质等(胡霭堂等,2003)。按其成分与性质可分为动物性海肥、植物性海肥、矿物性海肥三类。其中以动物性海肥种类最多,数量最大,植物性海肥、矿物性海肥蕴藏量也很大,但种类较少。动物性海肥,包括鱼杂肥、虾蟹类、贝壳类、海星类、腔肠类、软体类动物及鱼类加工厂的废弃物(鱼鳞、鱼脏、鱼头、鱼尾等)等。这类海肥一般含氮 4%～8%、含磷 3%～6%,含钾很少。将原料捣碎,掺和土杂肥堆沤 10～20 d(也可直接投入粪坑里,任其腐烂)即可施用,作底肥、追肥均可。动物性海肥最好配合磷、钾肥,特别是配合草木灰,肥效较高。贝壳和蟹壳含丰富的碳酸钙,适用于缺钙的酸性土壤。

植物性海肥来源有苔藻类、海青苔、浅滩上生长的植物等,大部分可作肥料。这类肥料含 N、K 较高,含 P 较低,施入土壤后腐解缓慢,又由于含盐分较多,不宜大量直接施用,否则对土壤和作物均有不良影响。

矿物性海肥主要有海泥。海泥是出海口、海中动植物腐烂后,由于江河水入海携带大量泥土和有机物与其淤积而成。海泥性质与塘泥、河泥相似,所不同的是它含有较多的盐分,其主要成分是氯化钠、氯化镁、氯化钾及硫酸镁等,还可制造钾镁肥。挖出的海泥要经过一段时间的雨淋日晒,借以除去一部分盐分,增加可溶性养分。海泥以作底肥为主,不宜施在盐碱土中,以免加重土壤盐渍。海泥也不适用于忌氯作物(崔世安等,1999)。

广东省海肥的种类很多,农民利用海肥历史较悠久和数量较大。有许多沿海地区的农家肥料主要是依靠海肥解决,一般海肥用量占农家总施肥量的 30%～50%,多的占 80% 以上。根据农民经验,一般海肥的肥效可持续 2 季,后效期长的可达 2 年。根据莆田、仙游等地的调查(李双霖,1962),群众反映很好,估计每担虾米糠可抵 15～18 担人粪尿,臭鱼烂虾每担可抵 7～8 担人粪尿,虾蛄每担可抵 10～15 担人粪尿。每亩用虾米糠 40～50 kg 作基肥,可增产水稻 8%～10%。

(8)市政有机废弃物

在城市和农村乡镇人口集聚的地方,工业比较集中,交通发达,随着工农业生产的发展和人口的增加,资源和能源的大规模开发利用,每年都不可避免地带来大量的废弃物(如城市垃圾、污水污泥、粉煤炭、糠醛渣、钢渣及其他工业废渣等)(张新明,2012)。对生态农业来说,如此大量的有机废弃物是一种弃之为害、用之为宝的东西,寻求有效措施趋利避害,加强有机废弃物的开发利用,对节省自然资源,防止环境污染,实现生态经济良性循环有着重要的意义。

粉煤灰是从煤燃烧后的烟气中收捕下来的细灰,是燃煤电厂排出的主要固体废物。将粉煤灰用于农业生产中,既可以改良土壤,又可以提供植物需要的某些元素。我国在粉煤灰农用方面已取得不少研究成果,部分已应用于生产(胡霭堂等,2003)。

堆肥是城市有机废弃物土地循环利用的主要方式之一。近年来,科研工作者利用各种有机废弃物研制合成了环保型无土栽培有机基质,在各种作物上栽培应用效果良好,不仅解决了有机废弃物的处理问题,还为无土栽培提供了优质有机基质,提高了自然资源的综合利用水平(李谦盛等,2002)。

(9)沼气肥

沼气肥(又称沼气发酵肥料)是指将作物秸秆与人畜粪尿在密闭的厌氧条件下发酵制取沼气后的沼渣和沼液(崔世安等,1999)。它含有丰富的有机质、多种生化物质、氮磷钾和少量微量元素等,可为植物提供养分、抑制病菌、提高抗逆性,对改善土壤理化性质、提高土壤肥力具有显著作用。是一种缓速兼备的优质有机肥料。除此之外,它也是驱除粪臭、消灭蚊蝇等虫害的有效措施,对改善农村环境卫生条件,促进生态农业建设起到重要作用。

我国沼气具有广阔的发展前景,但沼气行业还处在初级阶段(王宜伦等,2011),对沼气肥的研究应该加强,对于不同原料沼气肥的组成成分、养分含量、理化性质和生物学特性等方面都需要形成可以参考的标准,明确沼气肥对各种作物的施用效果,确定沼气肥合理的施用技术等,为广大农民科学施用沼气肥提供依据。

3.1.2 微生物肥料

微生物肥料亦称菌肥、生物肥料、接种剂等,是含有大量活性微生物的一类生物性肥料(冯雪姣和安红波,2007)。将有效菌类与吸附材料混合在一起制成的复合生物肥料应用于农业生产中,以微生物生命活动来改善作物营养条件,发挥土壤潜在肥力,刺激作物生长发育,抵抗病菌危害,从而达到增加产量、提高质量的目的。在这种效应的产生中,制品中活性微生物起关键作用。微生物肥料的核心是微生物。

微生物肥料根据其功能和肥效大致可分为以下几类:

①增加土壤氮素和作物氮素营养的菌肥,如根瘤菌肥、固氮菌肥、固氮蓝藻等;

②分解土壤有机质的菌肥,如有机磷细菌肥料、综合性菌肥;

③分解土壤难溶性矿物质的菌肥,如无机磷细菌肥料、钾细菌菌肥;

④刺激植物生长的菌肥,如抗菌肥料、促生菌肥;

⑤增加作物根系吸收营养能力的菌肥,如菌根菌肥料。

据调查,目前我国约20多个省(区、市)都有微生物肥料的应用(王素英等,2003)。但不同地区又因土壤、温度和气候等各种条件的不同,应用方法和应用效果也不一样。

微生物肥料在我国应用于30多种作物上,其中,禾谷类作物应用最多,其次是油料和纤维类,应用较少的是烟草、糖、茶、药、牧草等。但不同作物因不同的生理特点、环境、接种物的种类和农业措施,应用效果也不一样,如菌根菌类肥料,由于其菌丝有助于吸收水分和养分而有利于植物抗旱,用于林业生产上效果较好。糖料作物的增产效果最好,其次为茶叶,蔬果增产25.4%,牧草类增产26.1%。纤维、薯类、油料的增产效果分别为17.1%、17.8%和15.0%。微生物肥料对禾本科作物的增幅最低(图3.3)。

李柱栋等(2006)对稻草覆盖免耕栽培马铃薯实施微生物肥肥效试验,结果表明:施用微生物肥的马铃薯产量虽与施用复合肥(对照)的相当,但其经济效益明显优于对照;微生物肥与农家肥配合施用,马铃薯单产比对照增加180 kg/hm^2,可增收2874元/hm^2。建议在马铃薯生产上大力推广使用微生物肥。

马铃薯专用的供试复合微生物肥在马铃薯生产中的应用效果(杨肖雨和丛日钦,2013)表明,供试复合微生物肥对马铃薯的产量增加有一定的促进作用,具体表现为生长季节马铃薯叶

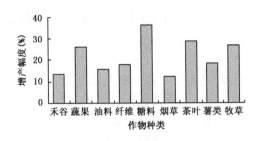

图 3.3 不同作物上施用微生物肥的增产情况

色浓绿,抗病性增强,开花期提前,马铃薯的品质得到明显改善;产量高出常规施肥,具有较好的应用效果。

3.1.3 绿肥

绿肥即为利用植物生长过程中所产生的全部或部分绿色体,直接或异地翻压或者经堆沤后施用到土地中做肥料的绿色植物体。我国有着丰富的绿肥资源。据统计(李子双等,2013),目前,我国已栽培利用和可供栽培利用的绿肥植物就有 500 余种。按绿肥来源可分为栽培绿肥和野生绿肥。栽培绿肥种类很多,按栽培季节可分为冬绿肥和夏绿肥;按栽培年限长短又分为一年生绿肥和多年生绿肥。除旱地种植绿肥外,还有利用水面放养的水生绿肥。其中野生绿肥品种 36 个。

2008 年度我国绿肥播种面积为 437 万 hm²,绿肥总量 9339 万 t(表 3.1)。种类主要包括冬绿肥、春夏绿肥和多年生绿肥(杨帆等,2010)。热带绿肥指的是适宜于热带、亚热带地区生长的绿肥作物。热带绿肥主要分布在我国海南、广东、广西、云南、福建、贵州等省区。某些抗寒力强的品种,在江西、四川等省也能适应并生长良好。热带地区自然条件优越,阳光充足,温度高,气候温暖,雨量充沛。因此,我国热带地区野生豆科绿肥资源丰富,为野生豆科绿肥资源的开发利用提供了自然条件。主要种植的绿肥品种有紫云英(*Astragalus sinicus*)、紫花苕(*V. villosa*)、蓝花子(*Raphanus sativus* var. *raphanistroides*)、绿豆飞机草(*Eupatorium odoratum*)等。

表 3.1 我国南方各省(区、市)的绿肥种植面积及用途

省份	种植面积 (万 hm²)	绿肥总量 (万 t)	压青还田量 (万 t)	用于饲料 (万 t)	经济绿肥 (万 t)	其他用途 (万 t)
安徽	9.11	270.00	229.50	32.50	7.00	0.97
福建	9.83	343.80	215.90	48.90	69.00	10.00
广西	25.20	501.10	364.40	33.60	90.70	12.30
贵州	46.10	1004.30	703.80	271.00	29.50	0.00
湖北	16.70	340.20	244.80	59.80	28.50	7.10
江西	38.10	545.90	456.80	84.60	4.50	0.00
四川	8.56	256.20	57.80	146.20	18.20	34.00
云南	35.90	690.60	303.70	333.70	22.30	30.90
浙江	18.00	407.50	244.10	111.80	40.00	11.70
重庆	14.30	215.20	145.90	69.30	0.00	0.00
其他	35.50	1674.70	1002.90	495.60	161.40	14.70

3.2 无机肥料资源

无机肥料是人们为了满足农作物生长发育的需要,用化学方法制造或者开采矿石,经过加工制成的肥料,也称化学肥料,简称化肥。它具有成分单纯、含有效成分高、易溶于水、分解快、易被根系吸收等特点,故又称"速效性肥料"。目前生产上常用的化肥包括:氮肥、磷肥、钾肥、微量元素肥料、石灰肥料、复合肥和复混肥、植物生长调节剂类。

根据化肥中 N、P、K 三大营养元素的组合情况,将无机肥料分为单质肥料和复合肥料。只含有一种可标明含量的营养元素的化肥称为单质肥料,如氮肥、磷肥、钾肥及次要常量元素肥料和微量元素肥料。含有氮、磷、钾三种营养元素中的两种或三种且可标明其含量的化肥,称为复合肥料。化合复合肥料是指经化学合成工艺制造的肥料,而混合复合肥料则是由单质或者复合肥料混合配制而成的。氮肥、磷肥、钾肥是植物需求量较大的化学肥料。

3.2.1 氮肥资源

氮肥是农业生产中需求量最大的化肥品种,它对提高作物产量、改善农产品的品质有重要作用。现代商品氮肥,都是以空气中的氮气和燃料氢气(氢来自水或燃料)为原料,经过合成氨和氨加工两个生产工艺过程产生的(高祥照,2001)。合成氨是氮肥工业之母,它可以直接做氮肥用,也是生产其他氮肥的基本原料。除石灰氮是由空气中的氮气直接合成外,其他的化学氮肥均有合成氨加工而成,主要途径如下:直接加工成液体氮肥(液氨等);由不同酸根中和氨,生产铵态氮肥(硫酸铵、碳酸氢铵等);氨与二氧化碳合成尿素;硝酸与氢氧化钙作用制成硝酸钙等。此外,由合成氨还可直接加工 $(NH_4)_2HPO_4$ 等复合肥料。

合成氨的能量来源主要是煤和天然气(张新明,2012)。天然气是最理想的氮肥原料,世界上合成氨原料气的生产以天然气为主,约占 70%,重油约占 10%,煤约占 7%。我国煤炭资源十分丰富,仅无烟煤产量就达 750 亿 t,因此我国合成氨以煤和焦炭为主,约占合成氨总产量的 60% 以上;其次是天然气,占 18% 左右;此外,还有少量的轻油,占合成氨的 9%。天然气产量一般,集中在川东南和西北少数地区,但却是最理想的氮肥能源。

氮是植物体内许多重要有机化合物的成分,在多方面影响着植物的代谢过程和生长发育。世界土壤的平均氮肥力不高,氮素不易在土壤中积累,而现代集约化农业又促使土壤有机质与氮的过多损耗,在多数条件下单位氮素的增产量高于磷、钾养分。因此,施用氮肥就成为农业生产中提高产量、改善品质的一项重要措施。

氮肥生产是我国化肥工业的重点,氮肥产量占化肥总产量的绝大部分。20 世纪 70 年代以来,随着经济实力的增强和对引进技术的转化和吸收,中国逐步掌握了氮肥生产技术,并能自主开发生产装置,氮肥生产进入高速发展期。21 世纪以来中国氮肥生产逐步超过施用量,不仅满足了自己需要,而且一跃成为全球主要出口国,2009 年出口占全球的 8%,成为仅次于俄罗斯的第二大出口国。目前,我国已成为世界上最大的氮肥生产和消费国,对近 20 年全球氮肥产用量增长的贡献达 61% 和 52%。氮肥已占中国陆地生态系统氮素输入量的 72%,中国人蛋白质消费量中有 56% 来自于氮肥(张卫峰等,2013)。

氮肥有多种分类方法,最常用的是按含氮基团将化学氮肥分为铵态氮肥、硝态氮肥、酰胺态氮肥三大类。世界上大规模生产又占较大比例的氮肥品种,主要是尿素、硝酸铵、液氨和碳酸氢铵。目前,中国施用的主要氮肥品种有尿素、碳酸氢铵、硝酸铵、氯化铵、硫酸铵、氨水和液氨等,氮肥品种约有12种之多(表3.2)。

表3.2 我国主要的氮素化肥品种(高祥照,2001)

名称	化学式	含氮量(%)	氮肥形态	性状特点
液氨	NH_3	82	铵态	液体状,易挥发
氨水	NH_4OH	12～16	铵态	碱性,液体状,易挥发
碳酸氢铵	NH_4HCO_3	17	铵态	白色或灰白色细小结晶,有强烈的刺激性氨味,易溶于水
硫酸铵	$(NH_4)_2SO_4$	20～1	铵态	弱酸性,白色或淡黄色细粒结晶状,易溶于水
氯化铵	NH_4Cl	24～26	铵态	弱酸性,白色或淡黄色细粒结晶状,易溶于水
硝酸铵	NH_4NO_3	34	硝态、铵态	弱酸性,白色或淡黄色颗粒或白色结晶状,易溶于水,易结块
硝酸钠	$NaNO_3$	15	硝态	无色透明或白微带黄色的菱形结晶,味微苦,易潮解
硝酸钙	$CaNO_3$	13	硝态	白色结晶,易溶于水、乙醇、甲醇和丙酮,易潮解
硫硝酸铵	$(NH_4)_2SO_4 + NH_4NO_3$	25～27	硝态、铵态	淡黄色,成小粒状。易溶解于水,稍有吸湿性
硝酸铵钙	$NH_4NO_3 + CaCO_3$	20～25	硝态、铵态	中性,白色圆形造粒,100%溶于水
尿素	$CO(NK_2)_2$	46	尿素态	中性,白色颗粒,易溶于水
石灰氮	$CaCN_2$	20～22	酰胺态	强碱性,有毒

邓兰生等(2011)在盆栽试验条件下,通过滴灌施肥,探讨尿素、氯化铵、硫酸铵、硝酸铵4种氮肥对冬种马铃薯生长、产量和品质的影响,结果表明:在滴灌施肥条件下,尿素在促进马铃薯植株营养生长方面所起的作用优于其他3种氮肥;滴施4种不同氮肥可影响马铃薯块茎对N、P、K、Ca、Mg等养分的吸收;硝酸铵在提高马铃薯块茎产量、降低还原糖含量方面效果明显。

3.2.2 磷肥资源

磷对人、动物、植物都是必需元素。它与氮不同,地壳中本来不含氮,自从有了原始的固氮微生物的活动,土壤中才逐渐积累起不同含量的氮素,且能通过土壤培肥,使氮的含量不断得到提高。而磷在地壳中本来就存在,生物的活动不可能增加地壳中的总磷量,只能将一个地方的磷转移到另一个地方,或将不能利用的磷转化为可利用的磷。因此,作物一般只能从土壤中吸收磷,少部分可通过作物叶片吸收(高祥照,2001)。

磷肥全称为磷素肥料,是以磷元素为主要养分的肥料。据调查,我国有74%的耕地土壤缺磷。在这些土壤上,磷素常常成为限制作物生长的因子,必须通过施用磷肥进行调节。磷矿是重要的肥料资源和化工原料矿物。在世界上,生产磷矿石的国家约34个,主要生产国为美国、俄罗斯、摩洛哥等。我国拥有世界磷矿资源的8.3%,占有率位居世界第三,与美国、摩洛哥、俄罗斯同属磷供应大国。我国磷矿资源的主要问题是在地域上分布不均匀,主要集中在南方,尤其是西南地区,磷矿品位差,含磷量低,副成分多(张新明,2012)。

我国磷肥发展经过了遍地扩张而后集中的过程。1990年,中国有磷复肥厂637家,经过竞争淘汰,磷复肥厂家数量减少。据磷肥工业协会统计,2012年规模以上生产磷肥的企业有365家,其中,我国云天化的磷肥产能仅次于世界最大磷肥生产公司Mosaic,宜化的磷肥产能也接近于俄罗斯的PhosAgro公司。我国磷肥生产主要集中在贵州、云南、湖北、四川的磷矿资源产地,2012年,贵州、云南、湖北和四川4个省的磷肥产量为1194.0万t P_2O_5,占全国产量的71%,与2011年持平(黄高强等,2013)。

我国磷肥工业发展初期,磷肥产量不足,需要依靠进口满足国内需求。2012年,我国成为世界第二大出口国。我国磷肥主要进口产品是复合肥,主要出口产品是磷酸二铵。2012年,复合肥占磷肥进口总量的67.8%,磷酸二铵出口量占磷肥出口总量的63.3%,占世界磷酸二铵总出口量的25%。磷肥产量增加的同时,磷肥产品结构也发生了变化。我国磷肥产品的变化过程是磷酸铵和重过磷酸钙等高浓度磷肥增加,低浓度磷肥过磷酸钙和钙镁磷肥产品比重下降。1980年之前,中国磷肥主要产品是过磷酸钙、钙镁磷肥低浓度产品。1980年以后,特别是进入21世纪,高浓度磷肥产量迅速增加,比重也越来越大。2012年所有磷肥产品中,高浓度磷肥(磷酸铵、重钙、硝酸磷肥和磷酸钾复合肥)比重达到86.7%。

世界磷肥结构中,高浓度磷肥占86.1%,低浓度磷肥占13.9%。我国也跟随了世界潮流,主要以磷酸一铵、磷酸二铵重钙等高浓度磷肥为主要发展产品。但是,我国磷矿品位低,并含有较多的钙、镁、硅等植物必须或者有益的元素。高浓度磷肥的发展,不仅降低了磷的回收率,还以杂质的形式除去了磷矿中含有的钙、镁、硅等元素。而低浓度的磷肥过磷酸钙和钙镁磷肥的生产,不仅能直接利用低品位的磷矿,还保留了磷矿中含有的钙、镁、硅等元素。如果适当发展低浓度的磷肥,可以极大地缓解部分种类未来元素匮乏的问题。其次,低浓度磷肥中含有枸溶性磷。枸溶性磷释放缓慢,本身就是一种缓释型肥料,尤其是钙镁磷肥。钙镁磷肥是一种碱性肥料,在酸性土壤上施用效果优于过磷酸钙和重过磷酸钙。所以,适当发展低浓度磷肥,不仅能提高磷矿中磷的利用率,还有利于钙、镁、硫、硅等其他元素的利用,提高资源的综合利用。

磷肥种类很多,根据制造方法的不同大致分为三类:酸制磷肥、热制磷肥、骨磷肥。按溶解度的不同,又可将磷肥分为水溶性磷肥、微溶性磷肥、难溶性磷肥三类。常见磷肥及形状见表3.3。

表3.3 磷肥和含磷为主的肥料

肥料品种	主要成分及养分含量	溶解难易	性状特点
过磷酸钙	P_2O_5(12%~20%) CaO(17%~25%) S(12%左右)	微溶于水	灰白色粉末或细粒状,稍有酸味。酸性较强,有腐蚀性,易吸湿结块,易使水溶性磷转化成难溶性的磷酸铁、磷酸铝
钙镁磷肥	P_2O_5(14%~18%) CaO(25%~30%) MgO(10%~15%)	不溶于水	呈灰白、灰绿、灰黑色粉末,微碱性反应,溶于2%柠檬酸溶液中,属弱酸溶性(枸溶性)磷肥,不吸湿,不结块,无腐蚀性
重过磷酸钙	P_2O_5(40%~45%) CaO(20%)	溶于水	酸性,深灰色粉末或颗粒状,吸湿性强,有腐蚀性
硝酸磷肥	P_2O_5(15%~20%) N2(0%~25%)	微溶于水	弱酸性,白色或浅灰颗粒状,易结块,吸湿性强,有腐蚀性

续表

肥料品种	主要成分及养分含量	溶解难易	性状特点
磷矿粉	P_2O_5(15%~25%) CaO(40%~50%)	不溶于水	中性,灰色或褐色粉末状
磷酸一铵	P_2O_5(50%~60%) N(11%~12%)	易溶于水	弱酸性,灰色或灰褐色颗粒状
磷酸二铵	P_2O_5(46%~53%) N(16%~20%)	易溶于水	弱碱性,灰色或者灰褐色颗粒状
磷酸二氢钾	P_2O_5(50%~52%) K_2O(33%~34%)	溶于水	白色或透明粉末或颗粒状
骨粉	P_2O_5(22%~33%) N(4%~5%)	不溶于水	由骨头加工而成,中性,灰色或灰褐色粉末

3.2.3 钾肥资源

钾不仅是植物生长发育所必需的营养元素,而且是肥料三要素之一,在氮、磷、钾三要素中,植物对氮、钾的需求量相对较大。植物中钾的含量仅次于氮,喜钾作物需钾量甚至高于需氮量(高祥照,2001)。钾也是经常因土壤缺乏,而限制作物产量提高的植物营养元素。农业生产实践证明,施用钾肥对提高作物产量和改进品质均有明显的作用。

与土壤有效氮、有效磷相比,我国农业土壤中有效钾含量相对丰富,原来缺钾问题不很突出,但随着农业生产的发展,作物产量提高,养分带走的量增加,归还到土壤中的养分锐减,传统农家肥和草木灰施用量减少,氮、磷化肥施用增加,造成养分失调,出现不同程度的缺钾情况。因此,在我国的农业生产中施用钾肥愈来愈重要。

世界上,俄罗斯、加拿大、德国、法国、美国和以色列是6个主要的钾肥生产国,其产量占世界总产量的93%。其中,以加拿大的萨斯喀彻温为最大,约占总资源的2/3。我国已探明的可溶性钾矿工业储量约1×10^8 t(张新明,2012)。1957年在青海柴达木盆地发现了卤水中钾含量较高、储量较丰富的察尔汗盐湖,它是我国目前已发现的最大的钾矿资源。在世界各国生产的含钾化合物中,约95%用作钾肥。由于受资源条件的限制,我国钾肥生产主要集中在资源产地——青海和新疆。

经过20多年对钾矿资源的勘探,在20世纪80年代,我国开始发展自己的钾肥产业,但是由于钾矿资源缺乏,钾肥产量增加缓慢。直到2003年之后,钾肥产量增加才逐渐加快,2003—2012年,钾肥产量年均增产量达35.0万t。钾肥产量增加的同时,钾肥产品也呈现多样化发展趋势。我国钾肥产品主要是氯化钾、硫酸钾、硝酸钾等无氯钾肥。其中,硫酸钾、硝酸钾的生产能力从1990—2007年分别以30%和20%的速度增加,从几乎空白走向了生产大国。由于我国钾肥生产量极低,钾肥消费依靠进口。2012年钾肥进口量达388.6万t,进口量位居世界第二(黄高强,2013)。我国钾肥主要从俄罗斯、加拿大、白俄罗斯和以色列进口,占钾肥进口量的85.4%。

我国钾肥资源紧缺是制约我国钾肥产业发展的瓶颈,然而世界钾肥资源丰富,中国近10年来开展了在海外的探矿和开采工作。我国钾长石等难溶性钾资源分布广泛、储量丰富。早在20世纪50年代,我国对于难溶性钾盐含钾长石制造钾肥进行了研究。目前,我国钾长石等难溶性钾资源的利用已实现了成熟技术的突破,产业化推进是今后的重中之重。

另外也有研究指出,我国土壤钾并没有严重稀缺,有些地区略有稀缺,而一些地方根本不缺(魏成广,2013)。因此解决我国钾肥资源不足,除了增加钾肥产量外,还应科学地使用钾肥,加强有机钾源的利用。同时,必须着重指出,解决我国钾素供应的基本途径应当放在活化土壤钾素和开发利用生物有机钾源上,在这方面是大有潜力的。

我国常见的钾肥如下:

①硫酸钾:硫酸钾的分子式是K_2SO_4,含氧化钾48%~52%,储存不结块。硫酸钾是一种白色或淡黄色结晶,物理性状良好,易溶于水,是生理酸性速效钾肥。

②氯化钾:氯化钾的分子式是KCl,农用KCl含钾(K_2O)50%~60%,属生理酸性肥料,易溶解于水,氯化钾的钾离子容易随水移动,流失的可能性大,宜分次施用。氯离子不能被土壤吸收,在灌溉情况下或降雨季节随水流失。储存易结块。

③草木灰:它的主要成分是碳酸钾(K_2CO_3),一般含氧化钾5%~8%,除钾外,还含有钙、磷、硼、锰、铜、锌、钼等元素。草木灰易溶于水,是一种速效性钾肥。属碱性肥料。

邓兰生等(2010)在盆栽试验条件下,通过滴灌施肥系统滴施钾肥,探讨了氯化钾、硫酸钾、硝酸钾三种钾源对马铃薯生长、产量及品质的影响。结果表明:在该试验条件下,与不施钾肥相比,滴施不同钾肥处理均能显著促进马铃薯的生长、增加产量;滴施不同钾肥对马铃薯植株生物量的积累差异不显著;滴施氯化钾和硝酸钾处理的马铃薯块茎产量差异不显著,但低于滴施硫酸钾处理;而滴施氯化钾和硫酸钾处理的马铃薯块茎中淀粉含量差异不显著。

3.2.4 复混肥

农业现代化中化学肥料的发展趋势就是浓缩化、复合化、液体化、专用化和缓效化。目前世界各国都在大力发展复混肥料,复混肥料在化肥的生产和消费中占有的比例越来越大,一些发达国家甚至可达到70%~80%,而我国的复混肥发展起步较晚,目前也只有20%左右,因此发展复混肥料是我国加快农业现代化的迫切需要。

所谓的复混肥料就是指氮、磷、钾三种养分中,至少有两种标明量的养分由化学方法和(或)掺混方法制成的肥料。其中含有两种养分称为两元复混肥,含有三种养分称为三元复混肥,近年来在普通复混肥中加入了一些微量元素,被称为多元复混肥,另外有的也在传统的复混肥中加入了农药或生长素,被称为多功能复混肥料。按我国复混肥料国家标准(《复混肥标准》GB15063—94),产品养分($N+P_2O_5+K_2O$)的浓度可分为高浓度(≥40%)、中浓度(≥30%)和低浓度(三元为25%,二元为20%)。

根据施肥的"养分平衡概念"、"养分最少定律"和"收益递减定律",以及国内外复混肥的施用实践,复混肥(尤其是专用肥)具有明显的优点,主要体现在:

①一次施肥能供给作物所需的全部或大部分养分;

②肥料养分形态及配伍合理;

③氮、磷、钾及微量元素养分配合施用可产生协同效应,促进养分被作物的吸收利用,可提高肥效10%~30%;

④针对不同的地区、土壤、作物及气候条件,可以按需要达到科学配合;

⑤视需要加入微量元素、除草剂、农药,可节省劳力,降低生产成本。

由于上述优点,复混肥可使农户收益提高,所以复混肥尤其专用肥越来越受农民欢迎。在我国复混肥料是复合肥料和混合肥料的统称,常用的种类可分别被称为复合肥、混合肥、掺合肥、有机无机复混肥。金德茂等(2012)对马铃薯品种费乌瑞它施用天地福硫铁基多元肥、澳特尔复合肥、星王牌复合肥、西洋复合肥和三元复合肥,试验研究表明:种植马铃薯,采用天地福硫铁基多元肥既可获得较高产量,又可获得较好的经济效益;西洋复合肥次之,澳特尔复合肥再次之;这几种复合肥可以作为福泉市马铃薯种植的主推肥料。

(1)复合肥

复合肥是指通过化合(化学)作用或氨化造粒过程制成的,有明显的化学反应,也称化成复合肥料。常见的种类主要包括磷酸二铵、磷酸一铵、硝酸磷肥、硝酸钾和磷酸二氢钾等。

1)磷酸铵:磷酸铵简称磷铵,是磷酸二铵[$(NH_4)_2HPO_4$]和磷酸一铵($NH_2H_2PO_4$)的混合物,为二元氮磷复合肥料,磷酸铵的生产是用硫酸分解磷矿粉制得磷酸,然后用铵中和磷酸,由于铵含量的不同,可制成磷酸一铵和磷酸二铵,磷酸一铵的养分含量为 N 12%,P_2O_5 52%,磷酸二铵为 N 18%,P_2O_5 46%,但其中各含少量的磷酸一铵或磷酸二铵。

磷酸铵是白色颗粒,易溶于水,呈中性,性质稳定,磷素几乎均是水溶的。磷酸二铵性质比较稳定,白色或灰白色,易溶于水,偏碱性,吸湿性小,结块易打散;磷酸一铵性质稳定,偏酸性。磷酸铵有效磷含量高,是过磷酸钙的 3.5 倍以上,且磷氮结合,产品为粒状,缓释性能更强,施用效果好。

2)硝磷酸铵:硝磷酸铵主要含氮和磷,其中含 N 为 27%~32%,含 P_2O_5 为 4%~9%,产品灰白色,易溶于水。硝磷酸铵能够提供作物生长发育所需的大量营养元素(氮和磷),肥效迅速持久,后劲足。产品中既具有铵态氮,又有硝态氮,磷素完全是水溶性磷,硝态氮和水溶性磷在土壤中易于移动,施用后作物很快可以吸收利用,肥料发挥迅速。而铵态氮易被土壤胶体吸附,因而释放缓慢,肥效持久有后劲。

(2)混合肥

混合肥主要指通过二次加工生产的复合肥料,包括普通混成复合肥料和专用肥。普通复合肥料是一般通用性的肥料,其施用特点和化成复合肥比较相似;专用肥是把肥料和施肥的科学知识及其技术一并物化在产品中直接应用到农户的一类肥料。目前,专用肥已走出氮、磷、钾按固定比例生产的模式,而是根据土壤和农作物需要调整比例,有的还添加了中、微量元素和有机质,另可控释放专用肥也有少量生产。专用肥是复混肥发展的必然结果,目前国内市场复混肥存在的问题仍是配方相对单一,只能满足单一作物的需求;另外生产成本较高,限制了专用肥的生产和发展,因此市场开拓的重点将是肥料类型和品种优化、品牌之间的替代。

(3)掺合肥

掺合肥即 BB(bulk blended fertilizer)肥,是由两种或两种以上粒径相近的含氮、磷、钾等元素的干燥粒状肥料,根据作物养分需求规律、土壤养分供应特点和平衡施肥原理,经过机械均匀掺混而成的复混肥料,是科学平衡施肥的理想载体。BB 肥的特点主要有:一是养分含量高,配比易调,氮磷钾有效含量可达 45%~57%,其中还可加入各种中、微量元素,可根据土壤肥力状况和作物生长需要灵活调节养分配比,配方更为合理;二是其颗粒状多色彩,质量易查、易控,各种单质元素颗粒有特定色彩,化肥质量清晰可辨,养分含量直观;三是使用方便,省工、节本、高效,多种元素掺混,减少施肥次数,肥效稳长,利用率高。

(4)有机无机复混肥

有机无机复混肥包括腐殖酸类复混肥和废弃物类复混肥。腐殖酸类复混肥即在生产过程中掺入大量腐殖酸类物料后产出的复混肥。它既具无机肥的有关特性,也具腐殖酸类物质生物活性的特点。废弃物类复混肥包括鸡粪、猪粪等各种废弃物类肥料。有机、无机复混肥既有无机养分,又有有机养分,养分比较齐全,所以可以借助目前绿色生产、无公害生产等形势,吸引人们的注意,增加产品的销量。

3.2.5 中量元素肥料资源

通常所指的中、微量肥料是钙、镁、硫肥,现在也包括硅肥。这些元素在土壤中储存数量较多,同时,在施用大量元素(氮、磷、钾肥)时能得到补充,一般情况可满足作物的需求。但随着农业生产发展,氮、磷、钾高浓度而不含中、微量元素化肥的大量施用,以及有机肥料施用量减少,在一些土壤、作物上中量元素缺乏的现象有逐渐增多。施用中量肥料要因作物种类、土壤条件和环境的不同而不同。

农业上,作为钙、镁、硫、硅肥施用的资源种类很多,数量丰富,有的包含在大量或微量元素肥料中(如过磷酸钙中的钙、镁、硫、硅),有的是工业副产品。马铃薯每生产 1 t 块茎,大约吸收的氧化钙和氧化镁分别为 6.5 kg 和 3.2 kg。

(1) 钙肥资源

农业上常用的钙肥主要有石灰和石膏等。我国南方酸性土(特别在红壤、黄壤地区)用石灰作肥料有悠久的历史,广大农民已有使用的经验与习惯。石灰是指由石灰岩、泥灰岩和白云岩等含碳酸钙($CaCO_3$)的岩石,经高温烧制而成的生石灰。沿海地区还普遍烧螺、蚌、牡蛎制成"壳灰",它们的主要成分都是氧化钙(CaO)。一些化学氮肥如硝酸钙、硝酸铵钙、石灰氮等都含有钙。石膏也是主要钙肥之一,既含钙又含硫,对缺钙、缺硫的土壤更适宜使用。一些磷肥中常有含钙的成分,如普通过磷酸钙、钙镁磷肥、重过磷酸钙也都是重要钙肥来源。一些工矿的副产品或下脚废渣中,如炼铁的高炉渣、炼钢的炉渣、热电厂燃煤的粉煤灰、小氨厂的碳化煤球渣、磷肥厂的副产品磷石膏等都含有钙的成分。此外,各种农家肥中也含有一定量的钙,用量大,使用面积广,是不可忽视的钙源。其中骨粉、草木灰则是含钙丰富的农家肥。一些常用含钙肥料见表 3.4。

表 3.4 常用钙肥品种成分含量

品种	主要成分	氧化钙含量(%)	其他成分(%)
生石灰(石灰石烧制)	CaO	84.0~96.0	
生石灰(牡蛎、蚌壳烧制)	CaO	50.0~53.0	
生石灰(白云岩烧制)	CaO	26.0~58.0	氧化镁(MgO)10~14
熟石灰(消石灰)	$Ca(OH)_2$	64.0~75.0	
石灰石粉(石灰石粉碎而成)	$CaCO_3$	45.0~56.0	
生石膏(普通石膏)	$CaSO_4 \cdot 2H_2O$	26.0~32.6	硫(S)15~18
熟石膏(雪花石膏)	$CaSO_4 \cdot 1/2H_2O$	35.0~38.0	硫(S)20~22
磷石膏	$CaSO_4/Ca(PO_4)_2$	20.8	磷(P_2O_5)0.7~3.7,硫(S)10~13
普通过磷酸钙	$Ca(H_2PO_4)_2 \cdot H_2O/CaSO_4$	16.5~28.0	磷(P_2O_5)12~20
重过磷酸钙	$Ca(H_2PO_4)_2 \cdot H_2O$	19.6~20.0	磷(P_2O_5)40~54

续表

品种	主要成分	氧化钙含量(%)	其他成分(%)
钙镁磷肥	$\alpha-Ca_3(PO_4)_2, CaSiO_3$	25.0~30.0	磷(P_2O_5)14~20,氧化镁(MgO)15~18
钢渣磷肥	$Ca_4P_2O_9 \cdot CaSiO_3$	35.0~50.0	磷(P_2O_5)5~20
粉煤灰	$SiO \cdot Al_2O_3 \cdot Fe_2O_3 \cdot CaO \cdot MgO$	2.5~46.0	磷(P_2O_5)0.1,钾(K_2O)1.2
草木灰	$K_2CO_3 \cdot K_2SO_4 \cdot CaSiO_3 \cdot KCl$	0.9~25.2	磷(P_2O_5)1.57,氮(N)0.93
骨粉	$Ca_3(PO_4)_2$	26.0~27.0	磷(P_2O_5)20~35
氯化钙	$CaCl_2 \cdot 2H_2O$	47.3	
硝酸钙	$Ca(NO_3)_2$	26.6~34.2	氮(N)12~17
石灰氮	$CaCN_2$	54	氮(N)20~21

(2)镁肥资源

施用镁肥的效果因土壤类型的不同而不同。通常,酸性土壤、沼泽土和砂质土壤含镁量较低,施用镁肥效果较明显。在我国,华南地区由于高温多雨,岩石风化作用和淋溶作用强烈,土壤中含镁基性原生矿物分解殆尽,除石灰性冲积土、紫色页岩母质发育的土壤及长期施用石灰的水稻土外,土壤含镁量都较低,如砖红壤的含镁量仅为0.2%。华中地区的土壤含镁量略高,可达0.4%。西北和华北地区则因土壤中含有大量的碳酸镁,供应镁的能力较强。我国由于长期施用钙镁磷肥,作物和土壤可从中补充到一定数量的镁,迄今除华南种植橡胶树的赤红壤地区外,需要专门施用镁肥的土壤不多。

目前专用的镁肥很少,但可兼作镁肥用的化工原料或产品种类较多,根据它们的溶解性,通常可分为水溶性镁肥和微水溶性镁肥。前者包括硫酸镁、氯化镁和钾镁肥等;后者主要有磷酸镁铵、钙镁磷肥、白云石、蛇纹石、光卤石。其中$MgCl_2$、$Mg(NO_3)_2$及$MgSO_4$等水溶性镁肥可用于叶面喷施。它们的成分和性质列于表3.5(胡霭堂等,2003)。

表3.5 含镁肥料的形态、含量与性质

名称	分子式	MgO含量(%)	主要性质
硫酸镁	$MgSO_4$	13~16	酸性,溶于水
硝酸镁	$Mg(NO_3)_2$	15.7	酸性,溶于水
氯化镁	$MgCl_2$	2.5	酸性,溶于水
含钾硫酸镁	$MgSO_4 \cdot K_2SO_4$	8	酸性,溶于水
镁螯合物	各种	2.5~4	酸性,溶于水
白云石	$CaCO_3 \cdot MgCO_3$	21.7	碱性,微溶于水
蛇纹石	$H_4Mg_3Si_2O_9$	43.3	中性,微溶于水
氧化镁	MgO	58	碱性,微溶于水
氢氧化镁	$Mg(OH)_2$	33	碱性,微溶于水
磷酸镁	$Mg_3(PO_4)_2$	40.6	碱性,微溶于水
磷酸镁铵	$MgNH_4PO_4 \cdot xH_2O$	16.43~25.95	碱性,微溶于水
光卤石	$KCl, MgCl_2 \cdot H_2O$	14.4	中性,微溶于水
钙镁磷肥	—	5~12	碱性,微溶于水

此外，各类有机肥料中也含有镁，含镁量按干重计，厩肥为 0.1%～0.6%，豆科绿肥为 0.2%～1.2%，水稻植株为 0.16%～0.35% 等。

(3) 硫肥资源

硫是植物必需的营养元素之一。随着作物与饲料的产量不断提高，高浓度化肥的发展，以及清洁能源的使用和大气 SO_2 污染治理取得较大的成功，全世界有关缺硫的报道越来越多。其中，以澳大利亚、新西兰及美洲、非洲、亚洲居多。据计算，中国、印度、印度尼西亚对硫的需要量占亚洲硫总需要量的 80%。我国南方湿热地区红、黄壤含硫量较低，福建、江西、浙江、湖北等省农民历来有施用硫肥的习惯。施硫肥能提高作物产量，改善产品品质。

常用的硫肥如表 3.6 所示（胡霭堂等，2003）。现有硫肥可分为两类：一类为氧化型，如硫酸铵、硫酸钾、硫酸钙等；另一类为还原型，如硫黄、硫包尿素等。农用石膏可分为生石膏、熟石膏、磷石膏 3 种。

表 3.6 含硫肥料的成分

名称	S 含量(%)	主要成分
生石膏	18.6	$CaSO_4 \cdot H_2O$
硫黄	95～99	S
硫酸铵	24.2	$(NH_4)_2SO_4$
硫酸钾	17.6	K_2SO_4
硫酸镁(水镁矾)	13	$MgSO_4$
硫硝酸铵	12.1	$(NH_4)_2SO_4 \cdot 2NH_4NO_3$
普通过硫酸钙	13.9	$Ca(H_2PO_4)_2H_2O, CaSO_4$
硫酸锌	17.8	$ZnSO_4$
青矾	11.5	$FeSO_4 \cdot 7H_2O$

① 生石膏

即普通石膏，俗称白石膏：它由石膏矿直接粉碎而成，呈粉末状，主要成分为 $CaSO_4 \cdot 2H_2O$。微溶于水，粒细有利于溶解，供硫能力和改土效果也较高，通常以通过 60 目筛孔的为宜。还有一种天然的青石膏矿石，俗称青石膏，粉碎过 90 目筛即可用。生石膏含 $CaSO_4 \cdot 2H_2O \geqslant 55\%$，CaO 为 20.7%～21.9%，还含有铁、铝、镁、钾及锌、铜、锰、钼等，可用作水稻肥料。

② 熟石膏

它由生石膏加热脱水而成。其主要成分为 $CaSO_4 \cdot 1/2H_2O$，含硫(S) 20.7%。吸湿性强，吸水后又变为生石膏，物理性质变差，施用不便，宜储存在干燥处。

③ 磷石膏

磷石膏是硫酸分解磷矿石制取磷酸后的残渣，是生产磷铵的副产品，主要成分为 $CaSO_4 \cdot 2H_2O$，约占 64%。其成分因产地而异，一般含硫(S) 11.8%，含磷(P_2O_5) 为 0.7%～4.6%，可代替石膏使用。

(4) 硅肥资源

硅肥被国际土壤界列为继氮、磷、钾之后的第四大元素肥料。我国缺硅土壤占总耕地面积的 50%～80%。在我国科技部公布的"九五"国家重点科技成果推广项目中，硅肥名列榜首。

国家测土配方已把是否缺少二氧化硅作为技术标准,2004年6月1日,农业部颁布了由中国农业科学院土壤肥料研究所等单位完成的硅肥行业标准(NY/T797-2004),标志着经过多年的研究试验和推广,硅肥已成为21世纪中国的一种新型肥料。目前,我国大陆的硅肥推广面积已达66万 hm^2。

硅肥是一种很好的品质肥料、保健肥料和植物调节性肥料,是其他化学肥料无法比拟的一种新型多功能肥料。硅肥既可作肥料,提供养分,又可用作土壤调理剂,改良土壤。此外,还兼有防病、防虫和减毒的作用。以其无毒、无味、不变质、不流失、无公害等突出优点,将成为发展绿色生态农业的高效优质肥料。

硅肥的品种主要有枸溶性硅肥、水溶性硅肥两大类,枸溶性硅肥是指不溶于水而溶于酸后可以被植物吸收的硅肥,常见的多为炼钢厂的废钢渣、粉煤灰、矿石,经高温煅烧工艺等加工而成,一般施用量较大(每亩25~50 kg),适合做土壤基施,市场售价较低(每吨几百元到上千元不等);水溶性硅肥是指溶于水可以被植物直接吸收的硅肥,农作物对其吸收利用率较高,为高温化学合成,生产工艺较复杂,成本较高,但施用量较小,一般常用作叶面喷施、冲施和滴灌,也可进行基施和追施,具体用量可根据作物品种喜硅情况、当地土壤的缺硅情况及硅肥的具体含量而定。常用的含硅肥料类型及性质如下。

① 硅酸盐类

硅酸盐类如硅酸钠(Na_2SiO_3,含硅23%)、硅酸钙($CaSiO_3$,含硅31%)等,硅酸钠易溶于水,为速效硅肥。南京农业大学与南京无机化工厂共同开发,以水玻璃(Na_2SiO_3)为原料,经真空喷雾干燥而得的高效硅肥,主要成分为硅酸钠和偏硅酸钠的混合物,呈白色粉状结晶,含水溶性 SiO_2 55%~60%。

② 炉渣类硅钙肥

这一类肥如钢铁工业炉渣,为块状或蜂窝状或小粒状固体,呈碱性,灰色至黑色。主要化学成分是二氧化硅和氧化钙,还含有铁、铝、镁、锰、磷、硫及铜、钼、硼、锌等,成分复杂且不稳定,因产地、冶炼和冷却条件等而异,一般成分和含量如表3.7所示(胡霭堂等,2003)。目前,农用的硅肥大多为此类炉渣经加工而成。钢渣的颜色深于铁渣,其中的硅有50%以上为弱酸溶性,易为植物吸收。钢铁炉渣宜用于酸性土上,其有效成分与细度有关,颗粒细则有效成分和肥效都较高,以过60~80目筛为宜。粉煤灰(瓦斯灰)和煤灰渣也可作为硅肥使用。有资料报道,日本用碳酸钾和粉煤灰,加适当的调理剂造粒,经高温熔融后,制得缓释硅酸钾肥。

表3.7 钢铁炉渣成分含量

炉渣名称	分析样品数	SiO_2	CaO	MgO	MnO	Fe_2O_3	Al_2O_3	P_2O_5	S	Cu	B	Mg	pH值
		(%)							(mg/kg)				
高炉渣	30	40.7	36.1	5.4	0.48	3.19	2.70	0.30	0.18	29	161	58	9.8
平炉渣	9	24.5	29.8	11.5	2.33	23.60	3.40	1.79	0.18	140	95	54	10.6
转炉渣	3	28.9	5.1	6.1	2.38	6.25	4.10	1.13	0.19	85	59	13	11.8
电炉渣	4	27.3	28.7	10.3	2.20	16.30	3.90	0.69	0.15	52	33	60	11.0
平、转、电炉渣平均	16	26.2	34.5	9.3	2.30	15.38	3.80	1.20	0.17	92	62	42	11.1

3.2.6 微量元素肥料

微量元素肥料简称微肥,是相对于大量元素而言的,主要包括铁、锌、铜、锰、硼、钼几种元素。现代农业生产中,比较常用的微肥从原料上区分,主要分为无机态、有机态两种,铜、锰、锌一般以无机盐的形式存在,硼和钼本身为有机物,而有机原料又分为有机的、络合的、螯合的几种。后两种微量元素以络合态和螯合态形式存在。其中螯合态微量元素价位比较高,在农业生产中使用还不普及,市场的产品也主要以进口产品为主,近几年,国内厂家对螯合剂及其产品研究开发投入了大量精力,已经拥有自主研发生产螯合态微量元素的能力,国产螯合态微量元素的上市,也给农民增产提供了很大的帮助,其产品质量各方面均不次于国外进口产品。

微量元素肥料的种类很多,一般可按肥料中所含元素的种类或所含化合物的类型划分。如按元素的种类划分,微肥可以分为铁肥、硼肥、锰肥、锌肥和钼肥等。硼和钼以酸根阴离子的形态存在,其他的微量元素多数以阳离子的硫酸盐形态存在,如硫酸亚铁、硫酸锰、硫酸铜、硫酸锌等。此外,还有以少量氧化物、氯化物等形式存在。

马铃薯微肥是马铃薯生长所需要的微量元素肥料的总称,微肥可直接施于土壤,也可作根外追肥。用于土壤施肥可作基肥,根外追肥在苗期和伸长期施用,用于土壤的施用量大于叶面喷施量。据研究(张振贤,2003),马铃薯对微量元素的吸收很少,每生产 20 t 块茎,可吸收铜 44 g、锰 42 g、钼 0.74 g、锌 99 g。常见马铃薯微量肥料见表 3.8(黄建国,2004)。

表 3.8 微量元素肥料的种类和性质

肥料名称	主要成分	有效成分 (以元素计,%)	性质
硼肥(B)			
硼酸	H_3BO_3	17.5	白色结晶或粉末,溶于水
硼砂	$NaB_4O_7 \cdot 10H_2O$	11.3	白色结晶或粉末,溶于水
硼镁肥	$H_3BO_3 \cdot MgSO_4$	1.5	灰色粉末,主要成分溶于水
硼泥	—	约 0.6	生产硼砂的工业废渣,呈碱性,部分溶于水
锌肥(Zn)			
硫酸锌	$ZnSO_4 \cdot 7H_2O$	23	白色或淡橘红色结晶,易溶于水
氧化锌	ZnO	78	白色粉末,不溶于水,溶于酸或碱
氯化锌	$ZnCl_2$	48	白色结晶,溶于水
碳酸锌	$ZnCO_3$	52	难溶于水
钼肥(Mo)			
钼酸铵	$(NH_4)_2Mo \cdot 2H_2O$	49	青白色结晶或粉末,溶于水
钼酸钠	$NaMoO_4 \cdot 2H_2O$	39	青白色结晶或粉末,溶于水
氧化钼	MoO_3	66	难溶于水
含钼矿渣	—	10	生产钼酸盐的工业废渣,难溶于水,含有效态钼 1%～3%

续表

肥料名称	主要成分	有效成分(以元素计,%)	性质
锰肥(Mn)			
硫酸锰	$MnSO_4 \cdot 3H_2O$	26~28	粉红色结晶,易溶于水
氯化锰	$MnCl_2 \cdot 4H_2O$	27	粉红色结晶,易溶于水
氧化锰	MnO	41~68	难溶于水
碳酸锰	$MnCO_3$	31	白色粉末,较难溶于水
铁肥(Fe)			
硫酸亚铁	$FeSO_4 \cdot 7H_2O$	19	淡绿色结晶,易溶于水
硫酸亚铁铵	$(NH_4)_2Fe(SO_4)_2$	14	淡绿色结晶,易溶于水
铜肥(Cu)			
无水硫酸铜	$CuSO_4 \cdot 5H_2O$	25	蓝色结晶,溶于水
一水硫酸铜	$CuSO_4 \cdot H_2O$	35	白色粉末状固体,溶于水,易溶于热水
氧化铜	CuO	75	黑色粉末,难溶于水
亚氧化铜	Cu_2O	89	暗红色晶状粉末,难溶于水
硫化亚铜	Cu_2S	80	灰色固体,难溶于水

3.2.7 缓释和控释肥料

缓、控释肥料是采用各种机制对常规肥料的水溶性进行控制,通过对肥料本身进行改性,有效地控制或延缓肥料养分的释放,使肥料养分释放时间和强度与作物养分吸收规律相吻合(或基本吻合),它在一定程度上能够协调植物养分需求、保障养分供给和提高作物产量,因此被认为是减少肥料损失、提高肥料利用率最为快捷方便的有效措施。从严格意义上讲,控释肥料(CRF)是指能够根据作物生长的需要而将养分逐渐释放出的肥料,缓释肥料(SRF)只能延缓肥料的释放速度,达不到完全控释的目的,但在现阶段的大多文献中,二者并未有严格的定义与区分(奚振邦,2006)。

目前开发的缓、控释肥料大体可分为3大类:高分子有机氮化合物、包裹肥料(包裹型和包膜型肥料)和载体肥料,我国研究比较多的是包裹肥料。肥料释放的速度取决于土壤的温度及膜的厚度,温度越高,肥料的溶解速度及穿越膜的速度越快;膜越薄,渗透越快。根据成膜物质不同,分为非有机物包膜肥料、有机聚合物包膜肥料、热性树脂包膜肥料,其中有机聚合物包膜肥料是目前研究最多、效果最好的控释肥。控释肥释放养分的速度与植物对养分的需求速度比较符合,从而能满足作物在不同的生长阶段对养分的需求。

杨波等(2007)用6种缓/控释肥料对马铃薯进行了肥效对比试验。试验结果表明,缓/控释肥料由于具有缓释性、长效性,经一次底施后可满足作物一季生长对养分的需求,节省劳动力,并可明显增加马铃薯单株结薯重,使结薯个头匀称,提高商品薯的产量。使用缓/控释肥料比使用同等养分的复合肥,可以增加马铃薯的产值,增加农民的收入。但据农户反映情况,使用缓/控释肥料的马铃薯有口味不佳、不耐储藏的情况,需要进一步的试验,寻找导致其不良影响的因素。

3.3 广东省典型农户马铃薯施肥状况调查与分析

张新明等(2011)对广东恩平市典型种植户冬作马铃薯施肥状况进行了调查。调查的21户马铃薯种植户全部施用了有机肥,占有效问卷的100%,有机肥施用包括土杂肥和鸡粪等。化肥中以高浓度平衡型三元复合肥($N:P_2O_5:K_2O=15:15:15$)为主,还包括尿素、过磷酸钙和硫酸钾等。有机肥N,P_2O_5,K_2O的平均施用量分别为58.50,73.20,70.95 kg/hm²。N,P_2O_5,K_2O的变异系数分别为44.68%,46.03%和48.35%,变异系数偏高(表3.9)。有机肥施用量$N:P_2O_5:K_2O=1:1.25:1.21$。化肥$N,P_2O_5,K_2O$的平均施用量分别达到211.35,209.55,230.25 kg/hm²,N,P_2O_5,K_2O的变异系数分别为35.52%,51.11%和54.86%,P_2O_5和K_2O的变异系数偏高(表3.9)。化肥施用量$N:P_2O_5:K_2O=1:0.99:1.09$。

由表3.9可知,N,P_2O_5,K_2O总施用量平均达到269.85,282.75,301.20 kg/hm²,N,P_2O_5,K_2O的变异系数分别为29.46%,35.79%和40.41%。总施肥量$N:P_2O_5:K_2O=1:1.05:1.12$。对表3.9的数据进一步计算得到:有机肥$N,P_2O_5,K_2O$均值与化肥$N,P_2O_5,K_2O$均值之比分别是0.28,0.35和0.31,有机肥提供的N,P_2O_5,K_2O占总施N,P_2O_5,K_2O均值的百分比分别仅为21.67%,25.90%和23.55%。

表3.9 恩平市典型种植户冬作马铃薯肥料施用状况

项目	有机肥施肥量			化肥施肥量			总施肥量		
	N	P_2O_5	K_2O	N	P_2O_5	K_2O	N	P_2O_5	K_2O
均值	58.50	73.20	70.95	211.35	209.55	230.25	269.85	282.75	301.20
标准差	1.74	2.25	2.29	5.00	7.14	8.42	5.30	6.75	8.11
变异系数	44.68	46.03	48.35	35.52	51.11	54.86	29.46	35.79	40.41
$N:P_2O_5:K_2O$	1.00	1.25	1.21	1.00	0.99	1.09	1.00	1.05	1.12

由表3.10可知,在所调查的马铃薯种植户中,施肥模式采用"基肥(化肥)+3次追肥"(即1基3追)的施肥模式的户数占到总户数(21户)的47.62%,其次是"基肥不用化肥只施用有机肥+3次追肥"(即0基3追)的施肥模式的户数占到总户数(21户)的28.57%,采用"1基2追"和"1基4追"施肥模式的户数较少。

表3.10 恩平市典型种植户冬作马铃薯化肥基追模式状况

化肥基追模式	户数(户)	比例(%)
1基2追	3	14.29
0基3追	6	28.57
1基3追	10	47.62
1基4追	2	9.52

注:频率(%)=化肥基追模式的户数×100/21(总户数)。

对于化肥的基追肥分配比例,由表3.11可知,1基2追模式的基肥氮磷钾占化肥施用总量的比例均高于1基3追模式和1基4追模式,且数值均高于65%。3种基追模式的基肥中磷肥的比例高于基肥氮钾的数值。

表 3.11 恩平市典型种植户冬作马铃薯化肥基追肥分配比例

项目	施肥方式		施肥量(kg/hm²)			占化肥施用总量的百分数(%)		
			N	P₂O₅	K₂O	N	P₂O₅	K₂O
均值	1基2追	基肥	108.45	198.75	123.75	69.33	88.17	72.54
		追1	24.15	15.00	24.00	14.86	5.59	13.25
		追2	26.10	16.95	25.95	15.81	6.24	14.21
	0基3追	追1	79.35	50.70	50.70	38.91	44.46	29.88
		追2	70.20	35.70	35.70	40.18	31.99	27.48
		追3	26.25	26.25	67.50	20.90	23.55	42.64
	1基3追	基肥	100.35	149.00	141.45	44.08	56.39	49.28
		追1	50.55	37.20	37.20	22.72	17.00	17.09
		追2	45.30	33.60	42.00	20.26	15.60	16.75
		追3	31.05	21.15	34.05	12.94	11.02	16.89
	1基4追	基肥	140.70	185.70	140.70	43.79	60.20	33.59
		追1	49.20	35.40	35.40	15.50	11.00	8.26
		追2	33.75	33.75	33.75	10.85	10.53	7.87
		追3	48.30	29.10	98.10	15.21	9.37	23.21
		追4	46.65	27.45	115.20	14.65	8.90	27.07

张洪秀等(2011)对广东省惠东县 30 户典型种植户的冬作马铃薯施肥状况进行调查分析,分析结果与广东恩平市的调查结果相似。30 户接受调查的马铃薯种植户全部都施用了有机肥,占有效问卷的 100%。主要有机肥施用也是土杂肥和鸡粪等,化肥中以高浓度平衡型三元复合肥($N:P_2O_5:K_2O=15:15:15$)为主,主要有撒可富复合肥、俄罗斯复合肥、挪威复合肥、住商复合肥等,还包括尿素、过磷酸钙和硫酸钾、氯化钾等。

表 3.12 惠东县典型种植户冬作马铃薯化肥基追模式状况

化肥基追模式	户数(户)	总户数(户)	占比(%)
1基2追	12	30	40.00
1基3追	14	30	46.67
0基2追	2	30	6.67
0基4追	2	30	6.67

从表 3.12 可以看出,调查的马铃薯种植户中,惠东县的施肥模式与恩平市的施肥方式相似,采用主要模式也是 1 基 3 追(总户数的 46.67%)和 1 基 2 追(占总户数的 40.00%),剩下的 4 户则采用"基肥不用化肥只施有机肥+追肥"的施肥模式,即 0 基 2 追和 0 基 4 追分别有 2 户,户数较少。

由调查可知,总施肥量 $N:P_2O_5:K_2O=1:1.09:1.15$。从调查数据(表 3.13)可以看出,种植户对磷肥用量普遍偏多,这可能是因为磷肥价格较低以及施用的大部分复合肥 $N:P_2O_5:K_2O$ 都是 15:15:15 的缘故。进一步分析得到,有机肥氮、磷、钾的均值与化肥氮、磷、钾的均值之比分别为 0.36,0.28 和 0.26。有机肥提供的氮、磷、钾分别占总施肥量氮、磷、钾的 26.36%,21.81%,20.34%,表明惠东县冬作马铃薯生产中有机肥施用量偏低,不利于土壤肥力质量及马铃薯品质的保持和提高。

表 3.13　惠东县典型种植户冬作马铃薯化肥基追肥分配比例

项目	施肥方式		施肥量(kg/亩)			占化肥施用总量的百分数(%)	
			N	P_2O_5	K_2O	N	P_2O_5	K_2O
均值	1基2追	基肥	5.96	14.58	10.46	32.67	60.69	52.71
		追1	6.07	3.85	4.34	36.95	19.54	23.28
		追2	5.13	4.08	4.85	31.83	20.85	25.86
	1基3追	基肥	4.56	9.96	8.92	26.72	46.10	37.73
		追1	5.01	3.15	4.98	28.10	16.64	20.30
		追2	3.78	3.48	4.69	22.92	19.09	22.32
		追3	3.53	3.18	4.18	21.51	17.38	19.68
	0基2追	追1	6.23	4.50	7.00	50.00	50.00	50.00
		追2	6.23	4.50	7.00	50.00	50.00	50.00
	0基4追	追1	2.63	2.63	2.63	27.31	27.31	27.31
		追2	2.63	2.63	2.63	27.31	27.31	27.31
		追3	2.25	2.25	2.25	23.60	23.60	23.60
		追4	2.06	2.06	2.06	21.75	21.75	21.75

注:追1=表示第1次追肥,以此类推。

彭王栋等(2008)在分析广东沿海地区冬种马铃薯的农业资源条件、生产特点及栽培技术问题的基础上,从种薯选用及其处理、耕地选择、种植、田间管理、收获等方面阐述了当地冬种马铃薯优质高效栽培施肥技术措施是:以有机肥为主,化肥为辅;基肥为主,追肥为辅;适施氮肥,增施钾肥。

基肥占全期施肥量60%以上,以腐熟有机肥为主,一般每亩施鸡粪300～400 kg或其他禽畜粪800～1000 kg,加过磷酸钙25～30 kg拌匀堆沤腐熟(15 d左右)后,加复合肥(氮、磷、钾含量各为15%,下同)25 kg、硫酸钾或氯酸钾5～7.5 kg、硼砂2 kg、敌百虫粉剂3 kg混匀,整地时在畦中开一深5 cm施肥沟,施后盖土。

追肥一般施3次,每次施肥间隔7～10 d。前期追施氮肥为主,以促进幼苗早生快长;后期要增施钾肥,以促进薯块膨大。第1次追肥在出苗80%时施提苗肥,每亩施复合肥5 kg、尿素3～4 kg;第2次在6～8叶期施发棵肥,每亩施复合肥7.5 kg,尿素、硫酸钾或氯酸钾各3～4 kg;第3次在10～12叶期或薯块有鸡蛋大小时施壮棵、膨大肥,每亩施复合肥8～10 kg,硫酸钾或氯酸钾5 kg。每次追肥每亩兑水2000～2500 kg淋施。3次追肥以后用0.2%"云大120"+0.3%磷酸二氢钾溶液根外喷施1～2次。

3.4　其他省区马铃薯肥料施肥状况

我国南方马铃薯主要种植区除广东外,还包括湖南、湖北、安徽、浙江、福建、广西、江西、贵州、云南、海南等地。其中,广东、广西、福建、海南为一年两季,马铃薯一般种植在秋、冬季,主要以施化肥为主,复合肥73 kg/亩,硫酸钾13.2 kg/亩,尿素24 kg/亩,适当施用一定量有机肥为辅(陈永兴,2007)。本节将对南方冬作区的其他省份的施肥状况做简单介绍。

3.4.1 福建省冬种马铃薯施肥状况

近年来,福建冬种马铃薯面积不断扩大。目前的年种植面积已达到约 8 万 hm^2,但产量较低。为进一步制定和完善马铃薯氮、磷、钾施肥指标体系,提高马铃薯的产量。2005 年以来,在福建省范围内开展的 110 个冬种马铃薯氮、磷、钾肥效田间试验结果进行了统计分析(章明清等,2012),希望建立科学的马铃薯测土配方施肥依据,为广大马铃薯种植户提供科学的施肥依据。

章明清等(2012)根据近年来完成的 77 个"3414"完全方案的田间试验结果,在土壤肥力等级高、中和低范围内,对同一肥力等级内的不同试验点的各处理施肥量及其产量(表 3.14),建立相应等级的马铃薯二次多项式肥效模型,然后,以 N 4.3 元/kg,P_2O_5 5 元/kg,K_2O 6 元/kg 和马铃薯 1.0 元/kg 的平均市场价为依据,用边际产量导数法求推荐施肥量,结果见表 3.20。由表中可知,最高施肥量平均为 N 266 kg/hm^2,P_2O_5 99 kg/hm^2,K_2O 238 kg/hm^2。预计产量为 28436 kg/hm^2。三要素比例为 1∶0.37∶0.89;经济施肥量平均为 N 225 kg/hm^2,P_2O_5 88 kg/hm^2,K_2O 198 kg/hm^2,预计产量为 28206 kg/hm^2。三要素比例为 1∶0.39∶0.88。但不同土壤肥力等级的氮、磷、钾推荐施肥量有明显的差异,实际应用中应坚持因土施肥原则。

表 3.14 福建省不同土壤肥力等级的马铃薯推荐施肥量

肥力等级	试验数(个)	最高产量施肥量(kg/hm^2)				经济产量施肥量(kg/hm^2)			
		N	P_2O_5	K_2O	预计产量	N	P_2O_5	K_2O	预计产量
高(>22500 kg/hm^2)	19	204	90	187	39694	197	88	172	39655
中(22500~15000 kg/hm^2)	28	318	130	235	26745	247	102	195	26399
低(<15000 kg/hm^2)	30	256	77	273	22885	222	76	218	22647
平均	77	266	99	238	28436	225	88	198	28206

根据氮、磷、钾施肥指标和大配方、小调整的推广应用思路,研制开发了马铃薯配方肥,并在南安市和漳浦县的主产区设置了 28 个大区对比试验,如表 3.15 所示。

南安市和漳浦县的 28 个大区对比试验表明,推荐施肥的施肥量与习惯施肥相比,N 和 P_2O_5 施用量分别下降了 26 kg/hm^2 和 40 kg/hm^2,K_2O 施用量则提高了 163 kg/hm^2,平均增产 8.3%,净增收为 1429 元/hm^2。

表 3.15 福建省马铃薯氮、磷、钾施肥指标的推广应用效果

地点	试验数(个)	处理	施肥量及其产量(kg/hm^2)			
			N	P_2O_5	K_2O	产量
南安市	13	习惯施肥	269±70	171±36	138±120	22568±6441
		推荐施肥	213±20	88±14	254±26	25142±7625
漳浦县	15	习惯施肥	224±54	94±15	38±10	23528±3683
		推荐施肥	225±33	92±16	240±19	25208±4875

3.4.2 重庆市丰都县马铃薯施肥状况

重庆市丰都县在实施 2006—2012 年测土配方施肥项目工作中,对全县 30 个乡(镇)、610

个农户共计 25.53 hm² 耕地进行了施肥情况调查,其中马铃薯农户有 22 户,耕地面积 0.92 hm²。所调查马铃薯的种植农户都不同程度地施用了肥料(江金明等,2013)。

被调查马铃薯种植农户全部施用有机肥,其有机肥以牛羊圈肥为主,作底肥一次性施用,有 65% 的农户用人畜粪水作追肥,每公顷最高施用量 30000 kg,最低施用量 4500 kg,平均施用量 18000 kg。所有种植户全部都施用了氮肥,氮肥以尿素为主,施用量折纯后,每公顷最高施用 150 kg,最低 60 kg,平均 105 kg,一般在苗期一次性施用。在磷肥方面,丰都县以过磷酸钙、二元或三元复合肥为主,均作基肥一次性施用。在被调查农户中,有 11.16% 的农户在种植马铃薯时不施磷肥,施用磷肥农户折纯每公顷最高施用 135.00 kg,最低 45.00 kg,平均施用 90.00 kg。在钾肥的施用上,马铃薯处于被动施钾状态,主要是通过三元复合肥的施用来实现的。这些作物施用三元复合肥时补给土壤的钾折纯,每公顷最高 75.00 kg,最低 22.50 kg,平均 48.75 kg。

江金明等(2013)根据丰都县农业生态环保检验监测站 2008—2013 年肥料"3414"试验分析表明:每生产 1000 kg 马铃薯,需要吸收氮 4.8～5.6 kg,磷 2.5～3.8 kg,钾 11.3～13.2 kg,其养分吸收比例为 1.00:0.52:2.35。氮肥偏高,磷肥偏低,而钾肥不足;同时,在比较调查资料时,还发现存在氮、磷、钾肥区域施用不均的问题。重氮重磷轻钾或重氮轻磷钾的现象是不可否认的,单、偏、过量施用氮肥的现象在少数农户中仍然存在。

在被调查的农户中,施肥方法也存在不合理性。氮肥的施用不但在表层,而且近几年有 50% 左右的农户在氮肥施用后省去了处理表层土壤或盖土的工序,导致氮肥流失严重。在磷、钾肥的施用上,部分农户由于没有施底肥的习惯,磷、钾肥只能在追肥上施用。而就调查的情况来看,绝大多数磷、钾肥的施用是配对碳酸氢氨施用,而不是单一的施用。从磷、钾肥施肥的时间来看,有部分农户甚至在临近生育后期还在施用磷肥。其施肥方法不但不合理,而且不科学。

鉴于以上的不合理,江金明等(2013)建议当地农民充分应用丰都县耕地地力评价结果,科学地制定马铃薯的肥料配方,指导企业按照配方生产马铃薯配方肥力。此外,政府建立专项资金,以测土配方施肥研究成果为基础,进一步探索马铃薯在不同土类、土属、土种的需肥规律,从而更好地为农民提供肥料配方。

3.4.3 云南省马铃薯施肥状况

刘润梅等(2014)根据 2011 年《云南统计年鉴》得出,2010 年云南省粮食作物总播种面积为 4.27×10^6 hm²,其中薯类的播种面积为 6.32×10^5 hm²,所占比例为 14.8%;全省粮食总产量为 1.53×10^7 t,其中薯类的产量为 1.74×10^6 t,所占比例为 11.3%。可见,薯类作物在云南省粮食生产中起重要作用。在行业计划背景下,对云南省昭通昭阳区和镇雄县、昆明寻甸县、曲靖宣威市、楚雄南华县、文山马关县、丽江玉龙县、德宏盈江县、普洱景谷县、保山龙陵县和隆阳区、红河弥勒县和大理洱源县等 11 个州/市 13 个县/市,共 212 户马铃薯种植农户进行了问卷调查。通过调研收集第一手资料,了解农户生产过程的主要行为,对云南省马铃薯生产中的施肥现状进行分析和探讨,为建立马铃薯高产、养分资源高效和环境友好的最佳养分管理技术提供科学依据。

该马铃薯调查代表面积占云南省薯类种植面积的 81.9%。212 户农户的马铃薯氮肥平均施用量为 285 kg/hm²,最小值 30 kg/hm²,最大值是 1005 kg/hm²;平均施磷(P_2O_5)量为 149

kg/hm², 最小值是 10 kg/hm², 最大值是 735 kg/hm²; 平均施钾(K_2O)量为 112 kg/hm², 最小值是 8 kg/hm², 最大值是 466 kg/hm², 调查农户的马铃薯平均产量为 19862 kg/hm², 最小值为 4500 kg/hm², 最大值为 52500 kg/hm²。

表 3.16 是云南省马铃薯生产中的肥料施用量。肥料施用比例为 N : P_2O_5 : K_2O = 1 : 0.52 : 0.39, 氮肥、磷肥和总养分主要以化肥的形式施用, 而钾肥主要靠有机肥的形式施入, 这可能因为化学钾肥价格偏高, 农户不愿意在粮食作物上普遍施用; 农户间施肥差异很大, 变异系数均在 60% 以上, 由于存在地区、经济水平、传统习惯等差异, 形成了不同地区不同农户不同的管理和施肥方式。进一步对各调查样点县进行统计发现, 总肥料施用量(N + P_2O_5 + K_2O)从高到低依次为镇雄、南华、玉龙、龙陵、马关、寻甸、盈江、弥勒、隆阳区、昭阳区、宣威、洱源、景谷。

表 3.16 云南省马铃薯种植户化肥、有机肥与总养分投入水平和比例

肥料	N		P_2O_5		K_2O		N+P_2O_5+K_2O	
	平均(kg/hm²)	比例(%)	平均(kg/hm²)	比例(%)	平均(kg/hm²)	比例(%)	平均(kg/hm²)	比例(%)
化肥	209.2	73.3	114.1	76.5	33.2	29.7	356.5	65.2
有机肥	76.2	26.7	35.0	23.5	78.7	70.3	189.9	34.8
总量	285.4	—	149.1	—	111.9	—	546.4	—
变异系数(%)	63.2	—	85.0	—	94.0	—	63.9	—

刘润梅等(2014)的调查结果表明, 云南省马铃薯单位面积的总养分施用量为 546 kg/hm² (N + P_2O_5 + K_2O)。其中氮(N)、磷(P_2O_5)和钾(K_2O)平均养分投入量分别为 285 kg/hm², 149.1 kg/hm² 和 111.9 kg/hm²。如果按照每生产 1000 kg 新鲜的马铃薯需吸收氮(N)5~6 kg, 磷(P_2O_5)1~3 kg, 钾(K_2O)12~13 kg(赵冰, 2007), 那么在目前产量水平下(19862 kg/hm²), 马铃薯所需要的氮(N)为 99.3~119.2 kg, 磷(P_2O_5)为 19.9~59.6 kg, 钾(K_2O)为 238.3~258.2 kg。在养分投入方面, 应当结合土壤基础养分含量适当调整肥料投入量, 将氮、磷和钾肥施用量调整为合理范围, 以满足马铃薯正常生长发育又不至于造成肥料的浪费, 同时提高马铃薯产量和养分的利用效率。此外, 马铃薯肥料投入不平衡, 农户间施肥差异大, 氮、磷和钾肥施用量变异系数分别为 63.2%、85.0% 和 94.0%。合理调整氮、磷、钾的比例, 同时配合施用有机肥, 是获得作物高产、优质的重要因素(李晓鸣, 2002), 而合理调控肥料是提高肥料利用率、节本增收的关键。从氮、磷、钾施用比例来看, 马铃薯氮、磷、钾肥投入比例(N : P_2O_5 : K_2O)为 1 : 0.52 : 0.39, 氮、磷、钾施用比例不协调, 钾肥施用明显不足, 从而不能很好地发挥肥料养分的效益。在非测土条件下的施肥量, 主要按照 1 : 0.4 : 1.8 比例以纯氮投入量为基准, 计算氮、磷、钾施入量。再者, 马铃薯是喜钾作物, 对钾肥需求相对较高, 因此, 必须在减少氮、磷肥施用量的同时增加钾肥施用量。从化肥和有机肥的氮磷钾比例来看, 马铃薯的钾肥投入大部分依赖于有机肥, 氮、磷肥主要以化肥为主。从施肥时期来看, 云南省马铃薯施肥均重在前期施用, 基肥比例较大, 90% 以上的磷肥和钾肥、60% 以上的氮肥均由基肥施入。马铃薯生育期短, 出苗后 25 d 左右进入结薯期, 营养生长期也短, 因此基肥更为重要, 按照推荐施肥技术来看, 2/3 的氮肥做基肥, 1/3 作追肥, 磷肥全部作基肥, 钾肥总量的 70%~80% 作基肥, 20%~30% 作追肥(张福锁等, 2009)。因此, 进一步说明目前马铃薯生产中应该解决的首

要问题是合理调整氮、磷、钾肥料的施用量和施用比例,以发挥肥料养分的综合效应和提高肥料养分效率。从马铃薯生产中农户施肥合理性来看,目前氮、磷和钾肥施用过量的农户分别占总调查农户的 52.9%、55.6% 和 24.1%;氮、磷、钾施用不足的农户分别占总调查农户的 25.5%、13.7% 和 65.1%;合理施用这三种肥料的农户分别占 21.6%、30.7% 和 10.8%,合理施用肥料的农户数比例较低。

参考文献

陈永兴.2007.冬种马铃薯测土配方施肥试验[J].中国马铃薯,21(5):283-284.
程亮,张保林,王杰,等.2011.腐殖酸肥料的研究进展[J].中国土壤与肥料,(5):1-6.
崔世安,郝林生,许维升,等.1999.中国有机肥料资源[M].北京:中国农业出版社.
邓兰生,林翠兰,龚林,等.2011.滴灌施用不同氮肥对马铃薯生长的影响[J].土壤通报,31(1):141-144.
邓兰生,林翠兰,张承林,等.2010.滴施不同钾肥对马铃薯生长及产量的影响[J].华南农业大学学报,42(2):12-14,27.
冯雪姣,安红波.2007.微生物肥的种类、研究及发展现状[J].黑龙江科技信息,(5):99,169.
高祥照.2001.化肥手册[M].北京:中国农业出版社.
侯桂兰,李宝,李峰,等.2000.马铃薯施用腐殖酸活性肥惠满丰的效果试验[J].中国马铃薯,14(2):98-99.
胡霭堂.2003.植物营养学(下).北京:中国农业大学出版社.
黄高强,亓昭英,武良,等.2013.我国钾肥产业发展形势与建议[J].现代化工,33(12):1-4.
黄高强,武良,李宇轩,等.2013.我国磷肥产业发展形势及建议[J].现代化工,33(11):1-4.
黄功标.2014.福建稻区连续3年稻秆还田腐熟的培肥增产效应[J].中国农学通报,30(12):71-76.
江金明,江金清,赵天钟.2013.丰都县马铃薯施肥现状及合理施肥对策[J].南方农业,(S1):144-146.
金德茂,罗红剑,石敏,等.2012.马铃薯施用多种复合肥的效果[J].农技服务,(710):1147,1149.
李平海,陈宝芳,柳新明.等.2004.生物腐殖酸有机肥在马铃薯上的应用效果[J].内蒙古农业科技,(4):14-16.
李谦盛,郭世荣,李式军.2002.利用工农业有机废弃物生产优质无土栽培基质[J].自然资源学报,(4):515-519.
李双霖.1962.福建几类海肥的性质、肥效及施用方法[J].土壤,(2):51-53.
李晓鸣.2002.黑龙江省化肥利用现状及对策[J].农业系统科学与综合研究,(1):55-57,61.
李柱栋,黄宇翔,蒋进林.2006.马铃薯施用亚联微生物肥效果试验[J].广西农业科学,37(2):173-175.
李子双,廉晓娟,王薇,等.2013.我国绿肥的研究进展[J].草业科学,30(7):1135-1140.
林红梅,刘斌,吴和生.2013.沿海地区秸秆覆盖种植马铃薯技术初探[J].上海蔬菜,(1):47-48.
刘润梅,范茂攀,付云章,等.2014.云南省马铃薯施肥量与化肥偏生产力的关系研究[J].土壤学报,51(4):79-86.
农业部新闻办公室.2011.全国农作物秸秆资源调查与评价报告[J].农业工程技术(新能源产业),(2):2-5.
彭王栋,何立波,翁晓华.2008.惠州冬种马铃薯生产特点及优质高效栽培技术[J].广东农业科学,32(6):32-34.
盛积贵.2009.羊厩肥对马铃薯铁素吸收分配的影响研究[J].安徽农业科学,37(16):7408-7409.
王素英,陶光灿,谢光辉,等.2003.我国微生物肥料的应用研究进展[J].中国农业大学学报,(1):14-18.
王宜伦,张倩,刘举,等.2011.沼气肥在农作物上的应用现状与展望[J].南方农业学报,42(11):1365-1370.
魏成广.2013.钾肥产业市场与消费[J].化肥工业,(2):57-60.

奚振邦.2006.缓释化肥再认识[J].植物营养与肥料学报,**12**(4):578-583.
杨波,龚秀益,殷爱国.2007.6种缓/控释肥料对马铃薯的肥效比较[J].农技服务,**24**(9):43,57.
杨帆,李荣,崔勇,等.2010.我国有机肥料资源利用现状与发展建议[J].中国土壤与肥料,(4):77-82.
杨肖雨,丛日钦.2013.使达利复合微生物肥在马铃薯生产中的应用效果[J].现代农业科技,(11):90,92.
张福锁,陈新平,陈清.2009.中国主要作物施肥指南[M].北京:中国农业大学出版社.
张洪秀,陈洪,曹先维,等.2011.惠东县冬作马铃薯施肥状况调查分析[J].广东农业科学,**35**(22):53-55.
张卫峰,马林,黄高强,等.2013.中国氮肥发展、贡献和挑战[J].中国农业科学,(15):3161-3171.
张新明,张洪秀,李水源,等.2011.恩平市典型种植户冬作马铃薯施肥状况调查分析[J].安徽农业科学,(36):22286-22288.
张新明.2012.热带亚热带蔗田平衡施肥技术[M].北京:气象出版社.
张振贤.2003.蔬菜栽培学[M].北京:中国农业大学出版社:438-452.
章明清,姚宝全,李娟,等.2012.福建冬种马铃薯氮磷钾施肥指标研究[J].福建农业学报,(9):982-988.
赵冰.2007.山药、马铃薯栽培技术问答[J].北京:中国农业大学出版社:239.
朱光琪.1957.堆肥与沤肥[J].农业科学通讯,(9):502-503.

第4章 南方冬闲田马铃薯平衡施肥技术

平衡施肥技术,亦称配方施肥技术,可定义为:根据作物需肥规律、土壤供肥性能与肥料效应,在有机肥为基础的条件下,提出氮、磷、钾和微肥的适宜用量和比例以及相应的施肥技术。本章重点介绍平衡施肥的理论基础和南方冬闲田马铃薯平衡施肥技术的探索与实践。

4.1 平衡施肥技术的理论基础

平衡施肥的理论基础主要包括营养元素同等重要与不可代替定律,德国化学家李比希提出的矿质营养学说、养分归还(补偿)学说和最小养分定律,英国的布赖克曼的限制因子定律,德国科学家李勃夏提出了最适因子定律,米采利希的肥料效应报酬递减定律,因子综合作用(如水分、养料、光照、温度、空气、品种和耕作制度等)定律,植物有机营养学说和肥料资源组合原理等十大理论或学说。

4.1.1 营养元素同等重要与不可代替定律

植物所需的各种必需营养元素,包括大量元素、中量元素和微量元素,不论它们在植物体内含量多少,均具有各自特殊的生理功能,它们各自的营养作用都是同等重要的,其作用是其他元素不可替代的。

作物体内各种营养元素的含量,从高到低相差可达十倍、百倍,甚至万倍,但它们在作物营养中的作用并无重要与不重要之分。以大量元素中的氮、磷为例,作物体内氮素不足时,不仅蛋白质的合成受到阻碍,而且会降低叶绿素含量,当氮缺乏时,叶片变黄,甚至枯萎早衰,施用除氮以外的任何元素均不能解除这种症状。如果作物供氮充足时,只有磷素缺乏,由于核蛋白不能形成,影响细胞分裂和糖代谢,就会导致作物茎叶停止生长,叶色由绿变紫,只有补充磷肥才能促使作物正常生长。需要特别注意的是,尽管作物对某些微量元素养分的需求量甚微,但缺乏时也会导致作物生长发育受到抑制,严重者甚至死亡,与作物缺乏大量元素所产生的不良后果是完全相同的。因此,在作物施肥时要有针对性,凡土壤缺乏的,不能满足作物生长发育和丰产优质的营养元素,都必须通过施用相应肥料来补充,而不能用一种肥料去代替另一种肥料,必须遵循因缺补缺的原则进行平衡施肥(鲁剑巍,2007)。

4.1.2 植物矿质营养学说

德国化学家、现代农业化学的倡导者李比希在1840年提出了"矿质营养学说",为化肥的生产与应用奠定了理论基础。矿质营养学说的主要内容为:土壤中矿物质是一切绿色植物的养料,厩肥及其他有机肥料对植物生长所起的作用,并不是其中所含的有机质,而是这些有机质分解后所形成的矿物质。该学说的确立,建立了植物营养学科,明确了作物主要以离子形态吸收养分,无论是化肥还是有机肥,其营养对植物同等重要,从而促进了化肥工业的兴起。然而,该学说对腐殖质作用认识不够,这是在实践中应该注意克服和避免的(鲁剑巍,2007)。

4.1.3 养分归还学说

该学说也是由李比希提出的。作物在生长发育过程中,要从土壤中吸收各种营养物质,由于人类在土壤上种植作物并将这些农产品(包括籽粒和茎秆)收获走,就必然会导致土壤肥力逐渐下降,土壤所含的养分愈来愈少。因此,要恢复地力就必须归还从土壤中拿走的东西,不然就难以指望再获得过去那样高的产量;同时,为了增加产量就应当向土壤施加养分。

归还养分并不是要求全部归还作物从土壤中带走的所有养分,绝对的全部归还是不必要的,也是不经济的。例如,非必需元素可以不归还,作物吸收量少的、土壤中相对含量较多的元素,也可以不必每茬作物收获后立即归还,可以隔一定时期归还一次,具体表现在一些微量元素肥料的施用可以隔几年施用一次。另外,作物生长不但消耗土壤养分,同时消耗土壤有机质,坚持使用有机肥,不仅可归还作物所需的大量元素养分,还可归还其他种类的元素,可以均衡土壤养分,做到用地与养地相统一,是维持和提高土壤肥力的重要措施。

养分归还学说的发展,为作物稳产高产和均衡增产开辟了广阔前景。为了增产必须以施肥方式补充植物从土壤中取走的养分,这就突破了过去局限于生物循环的范畴,通过施加肥料,扩大了物质循环,为农业的持续发展提供了物质基础(鲁剑巍,2007)。

4.1.4 最小养分定律

李比希在提出养分归还学说的同时又总结出了最小养分定律:植物为了生长发育需要吸收各种养分,但是决定植物产量的,却是土壤中那个相对含量最小的有效植物生长因素,产量也在一定限度内随着这个因素的增减而相对地变化。因而无视这个限制因素的存在,即使继续增加其他营养成分也难再提高植物的产量。

平衡(配方)施肥首先要发现农田土壤中的最小养分。测定土壤中的有效养分含量,判定各种养分的肥力等级,择其缺乏者施以某种养分肥料,或通过肥料效应试验,从肥料效应回归方程中的系数判定哪一种养分肥料增产效应最明显,以便采取施肥对策,这样可以决定肥料投向,从而发挥肥料最大效益(金耀青和张中原,1993)。

4.1.5 限制因子定律

英国的布赖克曼在1905年把最小养分定律扩大到养分以外的生态因子,提出了限制因子定律:增加一个因子的供应,可以使作物生长增加,但是遇到另一生长因子不足时,即使增加前一因子也不能使作物生长增加,直到缺少的因子得到补足,作物才能继续生长。限制因子包括了养分以外的土壤物理因素、气候因素、技术因素等。说明施肥不能只注意养分的种类和数量,还需要注意其他影响生长和肥效的因子(金耀青和张中原,1993)。

4.1.6 最适因子定律

1895年德国科学家李勃夏提出了最适因子定律:植物生长受许多条件的影响,生长条件变化的范围很广,植物适应的能力有限,只有影响生产的因子处于适宜地位,最适于植物生长,产量才能达到最高。因子处于最高或最低的时候,不适于植物生长。因此,养分供应不是越多越好,一种肥料施用过多,超过最适数量时,产量反而会降低。施用肥料时,在其他条件相对稳定的情况下,要获得高产,肥料用量必须合理(金耀青和张中原,1993)。

4.1.7 肥料效应报酬递减定律

欧洲经济学家杜尔哥和安德森提出:从一定土地上获得的报酬随着向该土地投入的劳动和资本量的增大而增加,但随投入的单位劳动和资本量的增加,报酬的增加却在递减。即随着施肥量的增加,所获得的增产量呈递减趋势。肥料效应方程(米采利希公式和抛物线方程(尼克莱—穆勒))主要遵循了报酬递减定律原理(金耀青和张中原,1993)。

4.1.8 因子综合作用定律

合理施肥是作物增产的综合因子(如水分、养料、光照、温度、空气、品种和耕作制度等)中起作用的重要因子之一。作物丰产不仅需要解决影响作物生长和提高产量的某种限制因子,其中包括养分因子中的最小养分,而且只有在外界环境条件足以保证作物正常生长和健壮发育的前提下,才能充分发挥施肥的最大增产作用,收到较高的经济效益,因此,肥料的增产效应必然受因子综合作用的影响。因子综合作用定律的中心意思是:作物丰产是影响作物生长发育的各种因子(如水分、养分、光照、温度、空气、品种及耕作制度等)综合作用的结果,其中必然有一个起主导作用的限制因子,产量也在一定程度上受该种限制因子的制约。为了充分发挥肥料的增产作用和提高肥料的经济效益,一方面,施肥措施必须与其他农业技术措施密切配合;另一方面,各种肥料养分之间的配合施用,也应因地制宜地加以综合运用(金耀青和张中原,1993)。

4.1.9 植物有机营养学说

植物有机营养学说认为,有机物质是植物营养的直接来源。该学说类似于腐殖质营养学说,但又有不同。相对于矿质营养学说,有机营养学说认为植物生长过程中直接吸收有机物质维持其生长。随着研究技术手段的不断提高,人们逐渐认识到矿质营养和有机营养均可以作为植物营养的直接来源,这主要取决于土壤状况和植物种类。在植物营养理论发展的最初阶段,植物有机营养学说曾经占据了很大优势,因为当时认为植物生长所需的营养物质主要来自腐殖质。自李比希提出的矿质营养学说否定了腐殖质学说后,植株有机营养理论发展一直很慢。但是在实践中确实发现一些现象不能用矿质营养学说来很好地解释,如施用有机肥或一些有机物质后,植物生长状况和品质的确好于化学肥料,并且越来越多的证据表明,一些植物种类可以直接吸收利用一些有机养分(陈日远等,2000;王华静等,2003),如氨基酸、糖类、核酸、肌醇六磷酸等。

所谓植物有机养分亦称植物有机营养物质,是指植物能够吸收利用的有机化合物,如氨基酸、葡萄糖、有机磷、核苷酸和核酸等。植物有机养分与矿质养分的根本区别在于养分吸收瞬间的化学形态,如为矿质形态则为矿质养分,如为有机形态,则为有机养分。

有机养分虽然数量不大,但是种类繁多,包括含氮化合物(尿素、氨基酸和酰胺),含磷化合物(RNA、DNA)及其降解产物(核苷酸、嘧啶、嘌呤和肌醇—磷酸等),多种可溶性糖(如蔗糖、阿拉伯糖、果糖、葡糖糖、麦芽糖等),一些酚类、有机酸(如羟苯甲酸、香草酸、丁香酸)等。植物不仅能够直接吸收这些含氮、含磷的有机化合物,而且还能使它们在体内迅速转运和转化。有机养分对植物的有效性与其形态、结构、浓度、矿质—有机养分配比及植物种类等有关。一些有机养分或可被植物优先吸收,或有较高的肥效(高于相应的矿质养分)。植物对有机养分的吸收大多依赖于质膜载体,摄入的有机养分可以在体内迅速转运和转化。需要指出的是,虽然植物可以直接吸收利用一些有机养分,但是大多数有机养分的作用不是直接而是间接的,如改善土壤物理性状、增强土壤生物活性等方面(周建民和沈仁芳,2013)。

根据有关文献(张夫道,1986;孙羲和章永松,1992;吴良欢和陶勤南,2000;廖宗文等,2014),为使有机营养学说更好地指导生产实践,特别是有机营养肥料(王华静等,2003)的生产与应用,其可以定义为关于植物能够吸收和转化有机养分的学说。

随着人们对作物品质要求的提高,有机农业逐渐成为现代农业生产的一个发展趋势,关于植物有机营养学说正在深入研究(周建民和沈仁芳,2013)。

4.1.10 肥料资源组合原理

根据作物生产的需要,把各种所需肥料有机地结合在一起,进行科学的配合施用,其组合相关就会大于单独施用各种肥料的效果。营养元素的生理作用存在相互补充、相互促进和相互制约的关系,在一定技术和自然条件下,各种肥料之间必须保持相对平衡,才能实现作物的优质高产。实现肥料资源平衡应注意以下问题:自然平衡与经济平衡,数量平衡与质量平衡,有机平衡与无机平衡,基肥、种肥和追肥平衡,经济效益与环境效益平衡等(唐树梅,2007)。

4.2 以土壤测试为主的平衡施肥技术

参考相关文献(章明清等,2009),并结合广东省冬作马铃薯的主要栽培模式和笔者进行的田间平衡施肥试验,设计了三个用户层面的适宜广东省冬作马铃薯的施肥指标体系:教学科研机构专家层面、县市级农技人员层面(含肥料企业技术人员)和种植户层面*(表4.1～表4.3)。并规定了氮磷钾肥施用量的最高限量和最低限量(表4.1～表4.2)。

---

* 说明:以上三个层面的平衡施肥建议适用于以下条件:广东省冬作区冬闲田,前茬水稻,品种为费乌瑞它系列品种等菜用型马铃薯(包括粤引85-38、鲁引1号、津引8号、荷兰15等),合格脱毒种薯。种薯切块达到25～30 g;用2.5 kg 70%甲基托布津可湿性粉剂加2.5 kg 58%甲霜灵锰锌可湿性粉剂和0.2 kg 72%的农用链霉素均匀拌入50 kg滑石粉成为粉剂,每100 kg种薯切块用2 kg混合粉剂拌匀,要求切块后30 min内,均匀拌于切面;起垄、开沟、撒施基肥(包括农家肥和部分化肥)、作畦,按110 cm包沟起畦,其中畦面宽85～90 cm,畦面高20～25 cm,垄间沟宽20～25 cm,要求土块细碎,垄面、沟底平直;10月25日—11月29日为适宜播种期,其中10月25日—11月22日为最佳播种期;播种密度一般为4000～5000株/亩为宜,双行种植,垄内行距30 cm左右,株距25～30 cm,行距确定,株距可随播种密度适当调整;播种覆土后用稻草覆盖垄面,每亩用干稻草300～400 kg,稻草与垄向平行,厚薄均匀,头尾相连,两端结合部用土压住;氮、磷、钾基肥和追肥分配遵循氮、磷肥前重后轻,钾肥(硫酸钾或含硫酸钾的复合肥)前轻后重的原则,一般追肥2～3次,最后一次在封行前。此外,如果没有施用有机肥或田块出现中、微量元素缺乏时,应该补充相应的中、微量元素;每穴马铃薯可能出苗多株,齐苗后一周内选择最壮的2～3株保留,剪去其余弱小多余苗,以利结大薯、高产。整个生育期培土两次:第一次在齐苗后5～10 d,苗高15～20 cm时重培土,厚度约5～7 cm,垄面不留空白;培土时应尽量避免泥土把叶片盖住或伤害茎秆;广东省马铃薯全生育期如能始终保持田间最大持水量的60%～80%(幼苗期,土壤相对含水量保持在65%左右;块茎形成至块茎膨大期土壤相对含水量保持75%～80%;淀粉积累期土壤相对含水量保持60%～65%);对马铃薯播种后封行前长出的杂草用20%克无踪200～250倍液定向喷雾。也可与培土结合进行人工除草;对封行后长出的恶性杂草应进行人工除草;晚疫病防治应在雨季来临前1个月,喷施72%霜脲·锰锌、50%烯酰吗啉、68%经甲霜灵·锰锌、18.7%烯酰·吡唑酯、25%嘧菌酯、70%丙森锌和64%恶霜·锰锌等化学药剂,最好是两种化学药剂轮流喷施,每隔7～10 d喷施一次,连续喷施4次;其他病虫害防治参照有关栽培规程进行(曹先维,2012)。

(1)教学科研机构专家层面

1)氮肥推荐施用量计算

计算公式为:
$$F(N)(kg/亩)=(Y-((\ln(Nh)-\ln(5.3064))\times 0.01/0.0407)\times Y)\times 4.14/300$$
式中:$F(N)$为氮肥推荐量(kg/亩),Y为目标产量(kg/亩),Nh为碱解氮(N,mg/kg)。

注:当施用无害化干鸡粪600 kg/亩或相当的无害化腐熟有机肥时,在计算值的基础上减去2.8 kg/亩。需要指出,氮肥施用上限=$Y\times 4.14\times 1.8/1000$;氮肥施用下限=$Y\times 4.14\times 0.25/1000$。

2)磷肥推荐施用量计算(P_2O_5,kg/亩)

当目标产量为2000 kg/亩时:
$$F(P_2O_5)=0.4\times F(N) \quad (Pa\leqslant 24.1)$$
$$F(P_2O_5)=0.3\times F(N) \quad (24.1<Pa\leqslant 46.1)$$
$$F(P_2O_5)=0.2\times F(N) \quad (Pa>46.1)$$

注:在目标产量为2000 kg/亩条件下,磷肥用量最高不超过6.1 kg/亩;当施用无害化干鸡粪600 kg/亩或相当的无害化腐熟有机肥时,在计算值的基础上减去1.9 kg/亩,但磷肥用量最低不低于1.4 kg/亩。

当目标产量为3000 kg/亩时:
$$F(P_2O_5)=0.4\times F(N) \quad (Pa\leqslant 24.1)$$
$$F(P_2O_5)=0.3\times F(N) \quad (24.1<Pa\leqslant 46.1)$$
$$F(P_2O_5)=0.2\times F(N) \quad (Pa>46.1)$$

注:在目标产量为3000 kg/亩条件下,磷肥用量最高不超过9.1 kg/亩;当施用无害化干鸡粪600 kg/亩或相当的无害化腐熟有机肥时,在计算值的基础上减去1.9 kg/亩,但磷肥用量最低不低于2.1 kg/亩。

当目标产量为3500 kg/亩时:
$$F(P_2O_5)=0.4\times F(N) \quad (Pa\leqslant 24.1)$$
$$F(P_2O_5)=0.3\times F(N) \quad (24.1<Pa\leqslant 46.1)$$
$$F(P_2O_5)=0.2\times F(N) \quad (Pa>46.1)$$

注:在目标产量为3500 kg/亩条件下,磷肥用量最高不超过10.6 kg/亩;当施用无害化干鸡粪600 kg/亩或相当的无害化腐熟有机肥时,在计算值的基础上减去1.9 kg/亩,但磷肥用量最低不低于2.5 kg/亩。

$$最高施磷量为(P_2O_5,kg/亩)=Y\times 2.34\times 1.3/1000$$
$$最低施磷量为(P_2O_5,kg/亩)=Y\times 2.34\times 0.3/1000$$

式中:$F(P_2O_5)$为建议施磷量(P_2O_5,kg/亩);Y为目标产量(kg/亩);Pa为土壤有效磷(P,mg/kg)。

3)钾肥推荐施用量计算

计算公式为:
$$F(K_2O)=(Y-((\ln(Ka)-\ln(5.9979))\times 0.01/0.0351)\times Y)\times 8.74/400$$
式中:$F(K_2O)$为建议施钾量(K_2O,kg/亩);Y为目标产量(kg/亩);Ka为土壤速效钾(K,mg/kg)。

注:当施用无害化干鸡粪600 kg/亩或相当的无害化腐熟有机肥时,在计算值的基础上减去4.4 kg/亩。需要指出,钾肥施用上限(K_2O)=$Y\times 8.74\times 1.3/1000$;钾肥施用下限($K_2O$)=$Y\times 8.74\times 0.2/1000$。

(2)县市级农技人员(含肥料企业技术人员)层面

表4.1和表4.2分别列出了根据目标产量法计算的相应的不同土壤氮、钾肥力水平下的氮、磷、钾肥施用量范围,并设定了相应的氮、磷、钾最低和最高限量,以切合生产实际,同时保证土壤肥力的保持与提高。需要说明的,表4.1~表4.3中的数据是在不施用有机肥的基础上提出的,如果以有机肥作基肥,应根据有机肥的氮、磷、钾含量和用量,适当减少化肥氮、磷、钾肥的用量。

表4.1 县市级农技人员层面根据目标产量法计算的氮肥推荐用量

目标产量 (kg/亩)	相对产量 (%)	土壤碱解氮 分级指标 (mg/kg)	推荐施氮量 (N, kg/亩)	最高/最低 施氮肥限量 (N, kg/亩)	尿素 (N,46%) (kg/亩)	最高/最低 施氮肥限量 (尿素, kg/亩)
2000	<50	≤40.6	>13.8	<14.9	>30.0	<32.4
	50~75	40.6~112.3	13.8~6.9		30.0~15.0	
	75~85	112.3~168.7	6.9~4.1		15.0~9.0	
	85~90	168.7~206.8	4.1~2.8		9.0~6.0	
	>90	>206.8	≤2.8	>2.1	≤6.0	>4.6
3000	<50	≤40.6	>20.7	<22.4	>45.0	<48.7
	50~75	40.6~112.3	20.7~10.4		45.0~22.5	
	75~85	112.3~168.7	10.4~6.2		22.5~13.5	
	85~90	168.7~206.8	6.2~4.1		13.5~9.0	
	>90	>206.8	≤4.1	>3.1	≤9.0	>6.7
3500	<50	≤40.6	>24.2	<26.1	>52.5	<56.7
	50~75	40.6~112.3	24.2~12.1		52.5~26.3	
	75~85	112.3~168.7	12.1~7.2		26.3~15.8	
	85~90	168.7~206.8	7.2~4.8		15.8~10.5	
	>90	>206.8	≤4.8	>3.6	≤10.5	>7.8

注:当施用无害化干鸡粪600 kg/亩或相当的无害化腐熟有机肥时,在计算值的基础上减去2.8 kg/亩。需要指出,当目标产量为2000 kg/亩时,氮肥用量最高不超过14.9 kg/亩,最低不低于2.1 kg/亩;当目标产量为3000 kg/亩时,氮肥用量最高不超过22.4 kg/亩,最低不低于3.1 kg/亩;当目标产量为3500 kg/亩时,氮肥用量最高不超过26.1 kg/亩,最低不低于3.6 kg/亩。

关于磷肥的推荐施肥量,参见教学科研机构专家层面中的计算。

表4.2 县市级农技人员层面根据目标产量法计算的钾推荐施用量

目标产量 (kg/亩)	相对产量 (%)	土壤分级指标 (K,mg/kg)	推荐施钾量 (K_2O, kg/亩)	最高/最低 施钾肥限量 (K_2O,kg/亩)	硫酸钾 (K_2O,50%) (kg/亩)	最高/最低 施钾肥限量 (硫酸钾,kg/亩)
2000	<50	≤34.7	>21.9	<22.7	>43.7	<45.4
	50~75	34.7~83.4	21.9~10.9		43.7~21.9	
	75~85	83.4~118.5	10.9~6.6		21.9~13.1	
	85~90	118.5~141.2	6.6~4.4		13.1~8.7	
	>90	>141.2	≤4.4	>3.5	≤8.7	>7.0

续表

目标产量 (kg/亩)	相对产量 (%)	土壤分级指标 (K,mg/kg)	推荐施钾量 (K_2O, kg/亩)	最高/最低施钾肥限量 (K_2O,kg/亩)	硫酸钾 (K_2O,50%) (kg/亩)	最高/最低施钾肥限量 (硫酸钾,kg/亩)
3000	<50	≤34.7	>32.8	<34.1	>65.6	<68.2
	50~75	34.7~83.4	32.8~16.4		65.6~32.8	
	75~85	83.4~118.5	16.4~9.8		32.8~19.7	
	85~90	118.5~141.2	9.8~6.6		19.7~13.1	
	>90	>141.2	≤6.6	>5.2	≤13.1	>10.4
3500	<50	≤34.7	>38.2	<39.8	>76.5	<79.6
	50~75	34.7~83.4	38.2~19.1		76.5~38.2	
	75~85	83.4~118.5	19.1~11.5		38.2~22.9	
	85~90	118.5~141.2	11.5~7.6		22.9~15.3	
	>90	>141.2	≤7.6	>6.1	≤15.3	>12.2

注：当施用无害化干鸡粪 600 kg/亩或相当的无害化腐熟有机肥时，在计算值的基础上减去 4.4 kg/亩。需要指出，当目标产量为 2000 kg/亩时，钾肥用量最高不超过 22.7 kg/亩，最低不低于 3.5 kg/亩。当目标产量为 3000 kg/亩时，钾肥用量最高不超过 34.1 kg/亩，最低不低于 5.2 kg/亩。当目标产量为 3500 kg/亩时，钾肥用量最高不超过 39.8 kg/亩，最低不低于 6.1 kg/亩。

(3) 种植户层面

表 4.3 是冬闲田马铃薯种植户层面的基于目标产量的施肥量范围。

表 4.3 种植户层面基于目标产量的肥料施用范围(kg/亩)

目标产量	肥料种类			
	尿素(N,46%)	过磷酸钙(P_2O_5,12%)	硫酸钾(K_2O,50%)	复合肥(15-6-24)
2000	20.0~25.0	30.7~38.3	29.3~36.6	61.3~76.7
3000	30.0~37.5	46.0~57.5	43.9~54.9	92.0~115.0
3500	35.0~43.8	53.7~67.2	51.2~64.1	107.3~134.3

注：在施用无害化干鸡粪 600 kg/亩或相当的无害化腐熟有机肥时适用。

4.3 以肥料效应函数为主的平衡施肥技术

He 等(2001)对重庆的酸性紫色土探讨了氮、磷、钾和镁平衡营养对马铃薯产量及其品质的影响，主要结果表明，施用纯氮(N)150 kg/hm², P_2O_5 120 kg/hm², K_2O 330 kg/hm² 和 MgO 3.36 kg/hm² 的处理马铃薯产量、干物质量、淀粉含量及锌含量最高，但硝酸盐(NO_3^-)含量最低。

周开芳等(2003)在贵州省遵义市通过在 N(7 kg/亩)，P_2O_5(4 kg/亩)肥料用量相同前提下，不同 K_2O 肥用量的试验得出，随着 K_2O 肥用量加大，脱毒马铃薯产量增加；当 K_2O 用量增至 12.5 kg/亩时，脱毒马铃薯产量、产值、纯收益、净产投比达最大，分别为 1057.2 kg/亩、634.4 元/亩、488.0 元/亩，3.34:1；其 N：P_2O_5：K_2O=1:0.57:1.79；K_2O 肥料利用率为 47.8%。

孔令郁等(2004)在云南宣威市通过平衡施肥对马铃薯产量和品质影响的研究得出,马铃薯最佳经济施肥量为 N 141.15 kg/hm²,P_2O_5 104.55 kg/hm²,K_2O 198.90 kg/hm²,施用 N:P_2O_5:K_2O 比例为 1:0.74:1.41,最佳产量 31845.30 kg/hm²,施肥利润 3306.9 元/hm²,投产比为 1:3.63。采用平衡施肥能增加马铃薯产量,降低薯块硝酸盐和还原糖含量,并能增加淀粉含量,从而提高马铃薯产品品质,增加效益。

杨波等(2004a)在贵州毕节市进行的"3414"脱毒马铃薯平衡施肥试验结果表明,毕节地区脱毒马铃薯的最优施肥方案:N 9.09~10.02 kg/亩,P_2O_5 4.06~4.2 kg/亩,K_2O 11.43~12.18 kg/亩,N:P_2O_5:K_2O 平均为 1:0.43:1.23。在此施肥方案下化肥的平均利用率为 N 42.17%,P_2O_5 39.29%,K_2O 72.94%。

杨波等(2004b)的试验结果表明,贵州省大方县马铃薯的最优施肥方案为 N 11.8 kg/亩,P_2O_5 4.72 kg/亩,K_2O 19.5 kg/亩,N:P_2O_5:K_2O=1:0.4:1.65。在此施肥方案下化肥的平均利用率为 N 32.71%,P_2O_5 32.71%,K_2O 41.96%。

张苇(2006)在福建省宁德市的研究确定马铃薯产量指标 30000 kg/hm² 的优化施肥技术方案为每公顷施纯 N 129.22~170.78 kg;纯 P_2O_5 52.72~68.40 kg;纯 K_2O 196.65~253.35 kg。

夏锦慧等(2006)关于薯片专用型马铃薯大西洋在贵州低热河谷地区冬作的密度和肥料配方试验结果表明,种植密度和肥料配方对马铃薯大西洋的产量均有显著影响,密度为 6000 株/亩,施肥配方 N:P_2O_5:K_2O=1:0.5:1(10 kg N/亩)处理产量最高;种植密度与单株产量和商品率呈负相关,但不影响商品薯产量和经济效益;在高密度和较低施肥处理下获得了较好的经济效益,在相同密度下,肥料投入与纯收入呈负相关。

麻汉林(2007)在浙江省马铃薯主产区缙云县以马铃薯克 851 为材料,根据实际生产效益,推荐施肥量为:N 120 kg/hm²,P_2O_5 80 kg/hm²,K_2O 180 kg/hm²,农家肥 10^4 kg/hm²。

文玉能等(2008)在贵州德江县开展的"3414"田间肥料试验结果表明,适量施肥可显著提高马铃薯产量。在供试条件下,提出合理施肥量分别为:N 11.14 kg/亩,P_2O_5 6.91 kg/亩,K_2O 16.19 kg/亩,马铃薯产量为 2235.94 kg/亩。氮、磷、钾交互效应为正值;氮、磷、钾肥对产量的影响顺序为:氮肥>磷肥>钾肥。

和顺荣等(2009)在云南省迪庆州研究了氮、磷、钾肥不同用量和配方对马铃薯的产量效应,结果表明,马铃薯最佳经济产量为 34070 kg/hm²,施肥量分别是 N 240 kg/hm²,P_2O_5 150 kg/hm² 和 K_2O 420 kg/hm²。

陈艳(2007)通过对马铃薯采用氮、磷、钾肥"3414"试验方案进行肥效试验,结果表明,马铃薯最高经济产量施肥量约为 N 281.8 kg/hm²,N:P_2O_5:K_2O=1:0.55:1.08,最高经济产量为 29702.4 kg/hm²。

姚宝全(2008)在福建通过田间试验和土壤养分分析,研究冬季马铃薯施用氮、磷、钾肥料的效应,结果表明,冬季马铃薯施用氮、磷、钾分别增产 38.7%,10.7% 和 23.6%,增产效果是 N>K>P;不同土壤肥力等级的氮、磷、钾肥增产幅度与土壤速效养分含量呈负相关关系;氮、磷、钾肥的平均产投比分别为 10.8,5.9 和 5.7,氮肥在低肥力土壤的产投比最高,磷钾肥则在中高肥力土壤的产投比较高。氮、磷、钾的平均推荐施用量为 N 241 kg/hm²,P_2O_5 96 kg/hm² 和 K_2O 290 kg/hm²,三要素最佳比例为 1:0.4:1.2。

林明贤(2008)在福建省漳浦县通过"3414"试验结果表明,马铃薯最佳配方为 N 240 kg/hm², P_2O_5 60 kg/hm², K_2O 300 kg/hm², 其产量为 22818.2 kg/hm²。

黎应文(2008)在广西桂平市开展了冬种马铃薯不同施肥量对产量影响的试验结果表明,在供试条件下,每亩施用有机肥 500 kg 加复合肥 30~40 kg(N:P:K=19:6:24),获得了 2000 kg 以上的产量。

梁金莲等(2009)在广西平果县大田肥料试验的结果表明,每公顷施 180 kg N+180 kg P_2O_5+360 kg K_2O(即复合肥 1200 kg+50%硫酸钾 360 kg),是比较适宜广西马铃薯免耕优质高效栽培的施肥水平。

李金菊(2009)在中上肥力的地块进行马铃薯"3414"肥料效应试验表明,马铃薯的最佳施肥量为 N 172.8 kg/hm², P_2O_5 108.0 kg/hm², K_2O 178.5 kg/hm²。此外,充足的氮素供应对促进马铃薯前期茎叶的健壮生长有重要作用;适当的钾素养分对块茎膨大有促进作用,能提高马铃薯的产量。

温斌生(2009)在厦门集美区通过对马铃薯施用氮、磷、钾肥的"3414"试验研究结果表明,在当地试验条件下,当每亩肥料施用量 12.36 kg N,6.73 kg P_2O_5,11.78 kg K_2O 时,马铃薯产量最高,达 1973.52 kg;当肥料施用量 12.32 kg N,6.53 kg P_2O_5,11.01 kg K_2O 时,经济效益最佳,达 1742.62 元。

陈洪等(2010)在广东省惠东县通过田间肥料试验得到了供试条件下冬种马铃薯合理施肥量为:N 13 kg/亩,N:P_2O_5:K_2O=1:0.56:1.95。

戴树荣(2010)在福建省南安市应用"3414"田间肥料试验设计方法,于 2006—2007 年连续 2 年,对马铃薯主产区不同土壤类型进行田间肥效试验。结果表明,5 种主要土壤类型能获得的马铃薯产量为 20780.6~41818.7 kg/hm²,平均为 31264.1 kg/hm²。最高产量的氮、磷、钾推荐施肥量分别是 N:173.09~243.57 kg/hm²,P_2O_5:56.25~82.60 kg/hm²,K_2O:182.63~324.76 kg/hm²,平均则分别是 N:204.24 kg/hm²,P_2O_5:68.01 kg/hm² 和 K_2O:253.62 kg/hm²,三要素比例是 1:0.33:1.24;最佳施肥效益的推荐施肥量分别是 N:165.19~292.78 kg/hm²,P_2O_5:5.45~82.50 kg/hm² 和 K_2O:178.66~418.25 kg/hm²,平均则分别为 N:219.09 kg/hm²,P_2O_5:56.77 kg/hm² 和 K_2O:267.08 kg/hm²,三要素比例为 1:0.26:1.22。

章明清等(2012)根据 110 个氮、磷、钾肥效试验结果,建立了福建冬种马铃薯氮、磷、钾施肥指标体系。结果表明,氮、磷、钾平均增产率分别为 29.4%,12.8% 和 19.1%,均达显著水平;马铃薯空白区产量与平衡施肥产量之间存在显著水平的线性关系;土壤速效氮、磷、钾的高产临界指标分别为碱解氮 261 mg/kg,Olsen-P 55 mg/kg 和速效钾 123 mg/kg;经济施肥量平均为 N 225 kg/hm²,P_2O_5 88 kg/hm²,K_2O 198 kg/hm²,但不同土壤肥力等级的经济施肥量有一定差异;土壤碱解氮、Olsen-P 和速效钾含量与氮、磷、钾推荐施肥量之间的回归方程满足指数函数关系;根据土测值和建立的回归方程可推算具体地块的推荐施肥量。

李红梅等(2013)采用土壤养分丰缺指标法,对重庆市马铃薯"3414"试验数据进行统计分析,以相对产量 55%,65%,75%,85% 和 95% 划分土壤养分分级指标,并分别以三元二次、一元二次和线性加平台模型对各试验点施肥量与产量关系进行模拟,选择最优模型计算最佳施肥量,建立了重庆市马铃薯测土配方施肥指标体系。结果表明,当土壤碱解氮含量处于极低等级(<90 mg/kg)、低等级(90~110 mg/kg)、较低等级(110~140 mg/kg)、中等级(140~170 mg/kg)、较高等级(170~210 mg/kg)、高等级(>210 mg/kg)时,马铃薯氮肥(N)每亩推荐施用量分别为 10~12 kg,8~10 kg,7~8 kg,6~7 kg,4~6 kg,0~4 kg;当土壤有效磷含量处于极低等级(<5 mg/kg)、低等级(5~10 mg/kg)、较低等级(10~15 mg/kg)、中等级(15~20 mg/kg)、较高等级(20~25 mg/kg)、高等级(>25 mg/kg)时,马铃薯磷肥(P_2O_5)每亩推荐施用量分别为 8 kg,7~8 kg,6~7 kg,5~6 kg,4~5 kg,0~4 kg;当土壤速效钾含量处于极低等级(<30 mg/kg)、低等级(30~50 mg/kg)、较低等级(50~80 mg/kg)、中等级(80~130 mg/kg)、较高等级(130~210 mg/kg)、高等级(>210 mg/kg)时,马铃薯钾肥(K_2O)每亩推荐施用量分别为 11~12 kg,9~11 kg,7~9 kg,6~7 kg,4~6 kg,0~4 kg。

4.4 以植物营养诊断为主的平衡施肥技术

以植物营养诊断为主的马铃薯平衡施肥技术主要在外观诊断方面有些报道,即根据马铃薯植株的营养失调症(见第 1 章第 1.6 节)进行校正施肥。

4.4.1 缺氮防治方法

如果采用平衡施肥技术,一般大田生产情况下不会产生缺氮现象。生长期间缺氮时,一般每亩追施尿素 5.0~7.5 kg,或用农家有机液肥加水稀释灌根,也可将尿素或碳酸氢铵等混入 10~15 倍腐熟有机肥中,施于植株两侧,后覆土、浇水。或可叶面喷施 0.5%~1.0%尿素溶液 50~75 kg/亩。

4.4.2 缺磷防治方法

如果采用平衡施肥技术,一般大田生产情况下不会出现缺磷现象。如果生长期间出现缺磷症状,可叶面喷洒 0.2%~0.3%磷酸二氢钾或 0.5%~1.0%过磷酸钙浸出液 50~75 kg/亩。

4.4.3 缺钾防治方法

如果采用平衡施肥技术,一般大田生产情况下不会出现缺钾现象。如果植株出现缺钾症状,则用硫酸钾 7.5~10 kg/亩对水浇施;或在收获前 40~50 d 喷施 1%硫酸钾 50~75 kg/亩,隔 10~15 d 喷 1 次,连用 2~3 次;或叶面喷洒 0.2%~0.3%磷酸二氢钾 50~75 kg/亩,或 2%~3%硝酸钾溶液 50~75 kg/亩,或 1%~3%草木灰浸出液 50~75 kg/亩,均有良好效果。

4.4.4 缺钙防治方法

如果采用平衡施肥技术,一般大田生产情况下不会出现缺钙现象。如果植株出现缺钙症状,叶面可喷洒硝酸钙 1500~2000 倍液 50~75 kg/亩,每 3~4 d 喷 1 次,共喷 2~3 次,最后 1 次应在采收前 3 周为宜。尤其要注意浇水,雨季及时排水,适时、适量施用氮肥,保证植株对钙的吸收。

4.4.5 缺镁防治方法

注意施足充分腐熟的有机肥,采用平衡施肥技术,一般大田条件下不会缺镁。如果植株出现缺镁症状,可叶面喷洒 0.1%~0.2%硫酸镁水溶液 50~75 kg/亩,隔 2 d 喷 1 次,共喷 2~3 次。

4.4.6 缺硫防治方法

一般适当施硫酸铵或含硫的过磷酸钙 1.5~4.0 kg/亩，或施用优质厩肥如鸡粪 600~800 kg/亩，一般大田不会出现缺硫。如果植株出现缺硫症状，可叶面喷施 0.5%~1.5% 的硫酸镁 2~3 次，每次间隔 7~10 d。每亩用液量 50~75 kg。

4.4.7 缺锌防治方法

南方冬闲稻田一般不缺锌。一旦出现缺锌症状，每亩追施硫酸锌 1 kg，或喷洒 0.1%~0.2% 硫酸锌溶液 50~75 kg，每隔 10 d 喷 1 次，连喷 2~3 次。在肥液中加入 0.2% 的熟石灰水效果更好。

4.4.8 缺锰防治方法

缺锰时，可叶面喷 0.05%~0.10% 硫酸锰溶液 50~75 kg/亩，每 7~10 d 喷 1 次，连喷 2~3 次，喷施时可加入 1/2 或等量石灰，以免发生肥害，也可结合喷施 1:(0.5~1.0):200 的波尔多液。

4.4.9 缺硼防治方法

施用优质厩肥如鸡粪 600~800 kg/亩，一般大田不会发生缺硼症状。缺硼时，可叶面喷施 0.1% 硼砂液 50 kg/亩，每 7~10 d 喷 1 次，连喷 2~3 次。

4.4.10 缺钼防治方法

施用优质厩肥如鸡粪 600~800 kg/亩，一般大田不会发生缺钼症状。缺钼时，叶面喷施 0.02%~0.05% 钼酸铵溶液 50 kg/亩，每 7~10 d 喷 1 次，连喷 2~3 次。

4.4.11 缺铁防治方法

在南方冬闲田一般不会缺铁。缺铁时，叶面喷 0.2%~0.5% 硫酸亚铁溶液 50~75 kg/亩，每隔 7~10 d 喷 1 次，连喷 2~3 次。酸性土壤中补充铁最好选用 0.1% 螯合铁肥（NaFe EDTA）溶液，避免肥害。

4.4.12 缺铜防治方法

施用优质厩肥如鸡粪 600~800 kg/亩，一般大田不会出现缺铜症状。缺铜时，叶面喷 0.02%~0.04% 硫酸铜溶液 50 kg/亩，喷硫酸铜最好加入 0.2% 熟石灰水，既能增效，又可避免肥害和防治马铃薯病害。

此外，对于氮素营养的诊断还可以采用叶绿素仪法。叶绿素仪法是一种利用叶绿素仪 SPAD-502 对作物叶片的叶绿素含量进行检测的一种方法，其原理是依据叶片中氮的含量与叶绿素的含量有相似的变化趋势，从而用 SPAD-502 的读数可以进行间接的氮素水平检测。近年来，国内外的研究结果表明，叶绿素仪 SPAD-502 可以用来估计作物氮营养状况和进行氮肥施用量的推荐(Westcott et al., 1995)。它可以无损地在田间对作物进行氮素营养检测，并且具有快速、简便、适时的特点，因此受到越来越多的关注。

在国外，Vos 和 Bom(1993)指出，SPAD 值与马铃薯叶片叶绿素与全氮的含量具有一定的正相关性。Gianquinto 等(2004)研究显示，叶片 SPAD 值与叶片全氮含量存在相关性，同时表明，叶片 SPAD 值可以预测产量。Uddling 等(2007)也发现，马铃薯叶片的全氮含量与测得的 SPAD 值呈正相关关系。在国内，苏云松等(2007)研究显示，马铃薯叶片叶绿素含量、单株产量与测得的 SPAD 值均存在显著的正相关关系。李井会(2006)和聂向荣(2009)的研究表明，测得的 SPAD 值与马铃薯叶片叶绿素含量和全氮含量呈显著正相关关系。因此，可以认为，用 SPAD 仪进行马铃薯的氮素营养诊断具有较大的可行性。

马铃薯是茄科作物，植株形态与禾本科作物有较大的差异，因此，诊断方法不能盲目地模拟玉米、小麦、水稻等谷类作物。马铃薯存在分枝，且在苗期就产生了分枝，氮素的运输可能发生变化。要研究马铃薯在不同生育期的功能叶位叶绿素仪的读数，可以考虑把马铃薯的分枝数与生育时期内不同叶位、不同位点上的 SPAD 值结合的数学算法，来建立适用于不同品种、不同生育时期、不同环境下的马铃薯氮素诊断模型(刘艳春和樊明寿，2012)。

当然，还有通过组织分析进行营养诊断的探索，但笔者认为由于马铃薯生育期短，采取叶片进行测定的方法判定营养状况有些费时、费力，且可能产生对马铃薯生长不利的影响，所以在本章中不再论述。

参考文献

曹先维,张新明,陈洪,等.2013.冬闲稻田马铃薯丰产优质栽培技术[C].见:马铃薯产业与农村区域发展(陈伊里和区冬玉主编).哈尔滨:哈尔滨地图出版社,320-328.

陈洪,张新明,全锋,等.2010.氮磷钾不同配比对冬作马铃薯产量、效益和肥料利用率的影响[J].中国马铃薯,24(4):224-229.

陈日远,关佩聪,刘厚诚,等.2000.核苷酸及其组合物对冬瓜产量形成及其生理效应的研究[J].华南农业大学学报,21(3):9-11.

陈艳.2007.冬季马铃薯平衡施肥效果初探[J].福建农业科技,(5):77-78.

陈永兴.2006.马铃薯缺素症状诊断和防治方法[J].中国蔬菜,(8):53-55.

戴树荣.2010.应用"3414"试验设计建立二次肥料效应函数寻求马铃薯氮磷钾适宜施肥量的研究[J].中国农学通报,26(12):154-159.

和顺荣,张德刚,汤利.2009.迪庆马铃薯肥料效应与优化施肥研究[J].云南农业大学学报(自然科学版),24(3):425-429.

金耀青,张中原.1993.配方施肥方法及其应用[M].沈阳:辽宁科学技术出版社.

孔令郁,彭启双,熊艳,等.2004.平衡施肥对马铃薯产量及品质的影响[J].土壤肥料,(3):17-19.

黎应文.2008.冬种马铃薯不同施肥量对产量及主要经济性状的影响[J].中国马铃薯,22(4):228-229.

李红梅,熊正辉,李伟,等.2013.重庆市马铃薯测土配方施肥指标体系构建[J].南方农业,7(Z6):119-122,131.

李金菊.2009.马铃薯"3414"肥料效应试验[J].广西农学报,24(5):19-21.

李井会.2006.不同氮肥运筹下马铃薯氮素利用特性及营养诊断的研究[D].长春:吉林农业大学.

梁金莲,刘永贤,黄艳珠,等.2009.不同施肥水平对冬种免耕马铃薯产量及经济效益的影响[J].广东农业科学,(12):92-94.

廖宗文,毛小云,刘可星.2014.有机碳肥对养分平衡的作用初探——试析植物营养中碳短板[J].土壤学报,

51(3):237-240.

林明贤. 2008. 马铃薯"3414"肥效试验初探[J]. 现代农业科技,(18):21-22.

刘艳春,樊明寿. 2012. 应用叶绿素仪SPAD-502进行马铃薯氮素营养诊断的可行性[J]. 中国马铃薯,26(1):45-48.

鲁剑巍. 2007. 测土配方与作物配方施肥技术[M]. 北京:金盾出版社.

麻汉林,郭志平. 2007. 马铃薯高产施肥措施研究[J]. 中国马铃薯,21(1):26-28.

聂向荣,樊明寿. 2009. 马铃薯氮素营养状况的SPAD仪诊断[J]. 中国马铃薯,23(4):203-207.

苏云松,郭春华,陈伊里. 2007. 马铃薯叶片SPAD值与叶绿素含量及产量的相关性研究[J]. 西南农业学报,(20):690-693.

孙羲,章永松. 1992. 有机肥料和土壤中的有机磷对水稻的营养效果[J]. 土壤学报,29(4):365-369.

唐树梅主编. 2007. 热带作物高产理论与实践[M]. 北京:中国农业大学出版社.

王华静,吴良欢,陶勤南. 2003. 有机营养肥料研究进展[J]. 生态环境,12(1):110-114.

温斌生. 2009. 马铃薯平衡施肥试验[J]. 福建农业科技,(1):53-54.

文玉能,顾昌萍,王坤. 2008. 氮、磷、钾肥不同施用量对马铃薯产量的影响[J]. 贵州农业科学,36(1):116-117.

吴良欢,陶勤南. 2000. 水稻氨基酸态氮营养效应及其机理研究[J]. 土壤学报,37(4):464-473.

夏锦慧,范士杰,邓宽平,等. 2006. 冬作薯片专用型马铃薯大西洋密度及肥料配方试验[J]. 贵州农业科学,34(5):65-67.

杨波,杨永奎,陆笛,等. 2004a. 毕节地区脱毒马铃薯平衡施肥研究[J]. 耕作与栽培,(1):23-25.

杨波,郑美荣,杨永奎,等. 2004b. 大方县马铃薯平衡施肥最佳方案初探[J]. 耕作与栽培,(4):36-41.

姚宝全. 2008. 冬季马铃薯氮磷钾肥料效应及其适宜用量研究[J]. 福建农业学报,23(2):191-195.

张夫道. 1986. 关于植物有机营养的研究[J]. 土壤肥料,(6):15-19.

张苇. 2006. 脱毒马铃薯氮磷钾肥料效应[J]. 中国马铃薯,20(6):336-338.

章明清,徐志平,姚宝全,等. 2009. 福建主要粮油作物测土配方施肥指标体系研究-Ⅱ:土壤碱解氮、Olsen-P和速效钾丰缺指标[J]. 福建农业学报,24(1):68-74.

章明清,姚宝全,李娟,等. 2012. 福建冬种马铃薯氮磷钾施肥指标研究[J]. 福建农业学报,27(9):982-988.

周开芳,朱红,郑明强. 2003. 钾肥不同施用量对脱毒马铃薯产量和肥料利用率的影响[J]. 贵州农业科学,31(b07):62-63.

Gianquinto G, Golfart J P, Olivier M, et al. 2004. The use of hand-held chlorophyll meters as a tool to assess the nitrogen status and to guide nitrogen fertilization of potato crop[J]. *Potato Research*, **47**(5):35-80.

He T X, Wu D Y, He C H, et al. 2001. Nutrient balance in relation to high yield and good quality of potato on an acid purple soil in Chongqing, China [J]. *Pedosphere*, **11**(1):83-92.

Uddling J, Gelang-Alfredsson J, Piikki K. 2007. Evaluating the relationship between leaf chlorophyll concentration and SPAD-502 chlorophyll meter readings[J]. *Photosynth Res*, **91**:37-46.

Vos J, Bom M. 1993. Hand-held chlorophyll meter: A promising tool to assess the nitrogen status of potato foliage[J]. *Potato Research*, **36**:301-308.

Westcott M P, Wraith J M. 1995. Correlation of leaf chlorophyl reading and stem nitrate concentrations in peppermint [J]. *Commum Soil Sci Plant Anal*, **26**(9-10):1481-1490.

第5章 展 望

由于南方冬闲田马铃薯平衡施肥技术涉及栽培学、土壤学、植物营养学和生态学等多学科的综合知识，因此有必要深入开展冬闲田马铃薯平衡施肥技术有关方面的研究。编者根据国内外有关冬闲田平衡施肥技术研究和应用现状，通过近几年的工作体会，提出如下一些值得研究的问题。

5.1 与其他作物间(套)作条件下的平衡施肥技术研究

在本书第4章论述的主要平衡施肥技术模式主要针对马铃薯单作条件下的适宜施肥量及其范围，可能不适用间套作的种植系统，如马铃薯与玉米间作(胡丹等，2013)涉及两种营养特性不同的作物，需要研究在该间作系统中两种作物的营养交互作用，进而制定氮肥的施用量、施用时期和施用方法及基追肥分配比例等。与马铃薯间套作系统也会因为两种作物的需肥规律不同而影响合理的施肥模式。

5.2 有机肥对马铃薯平衡施肥的影响研究

从本书第3章中可以看出，有机肥来源很多，造成不同有机肥或生物有机肥的养分组成及含量差异很大，因此当施用不同有机肥时，将对冬闲田马铃薯的合理施肥量范围造成一定的影响。如何确定有机肥在冬闲田马铃薯生长发育中的养分贡献率将是十分复杂的工作。因此，一般条件下进行冬闲田马铃薯平衡施肥试验时往往在不施用有机肥的条件下进行，使得目前得到马铃薯合理施肥量及其范围适用性受到一定的限制。所以，很有必要开展当地主要有机肥对于马铃薯的养分贡献问题的研究，明确供试条件下，特别是当地主要马铃薯种植制度下，有机肥对马铃薯影响的主要参数，同时探明有机肥对土壤质量的影响。

5.3 冬闲田马铃薯有机(绿色)栽培中的平衡施肥技术研究

有关有机(绿色)马铃薯平衡施肥的报道很少，因此开展该方面的研究将很有意义。一方面涉及本书3.2节中的不同来源的有机肥对马铃薯的养分供应特征存在很大差异，另一方面，有机(绿色)栽培中要求的有机肥质量较常规栽培高得多，有机或无机污染物质含量有更严格的限制。如何以有机肥为原料配制适合有机(绿色)马铃薯栽培的专用有机肥应深入探讨。

5.4 冬闲田马铃薯平衡施肥中氯化钾完全或部分替代硫酸钾问题

有关研究(伍尤国等,2012;张新明等,2013)表明,硫酸钾在大田条件下较氯化钾增产,且经济效益较高。但是邓兰生等(2010)利用滴灌盆栽试验结果表明,滴施氯化钾和硝酸钾处理的马铃薯块茎产量差异不显著,但低于滴施硫酸钾处理;而滴施氯化钾和硫酸钾处理的马铃薯块茎中淀粉含量差异不显著。而刘汝亮等(2009)在宁夏的田间试验表明,氯化钾处理要优于硫酸钾处理,氯化钾处理马铃薯产量和淀粉含量均高于硫酸钾处理。在供试条件下,可以用氯化钾肥料替代硫酸钾,不会对马铃薯产生负面影响,但用量不宜超过该试验条件下的 90 kg/hm^2。Panique 等(1997)在美国威斯康星州开展了 11 a 的钾肥肥效试验,主要结果表明硫酸钾和氯化钾处理的总产之间并没有显著差异,但低于 280 kg/hm^2 时,硫酸钾比氯化钾增加的总产多,而高于 280 kg/hm^2 时,硫酸钾处理的总产降低,氯化钾处理的产量保持稳定。可能与钾肥用量差异较大有关,邓兰生等(2010)的研究中钾肥用量达到 350.85 kg/hm^2,分别是 90 kg/hm^2 和 280 kg/hm^2 的 3.90 倍和 1.25 倍。那么,能否通过降低钾肥用量达到一定的目标产量,又能利用氯化钾完全或部分替代硫酸钾值得在田间条件下进一步验证,毕竟氯化钾的价格比硫酸钾的价格低得多,且易于用在滴灌施肥系统中。

5.5 适宜于冬闲田马铃薯高产优质高效栽培的中、微量元素的平衡施肥指标体系

本书第 1 章已经叙述了中、微量营养元素对于马铃薯健康生长发育的重要价值,但遗憾的是目前关于中、微量元素在马铃薯种植系统的合理施用问题只停留在经验层次,使用的土壤中、微量元素的丰缺指标或临界值主要是大田作物通用的指标体系,施肥量也是经验的。所以,有必要开展相关的盆栽和大田试验,确定适合当地冬闲田马铃薯的土壤中微量元素指标体系和合理施用量范围。

5.6 适于冬闲田马铃薯的植物营养诊断新方法的探讨

本书第 4 章简要叙述了以植物营养诊断为主的平衡施肥技术,主要是通过外观诊断和 SPAD-502 氮素营养状况诊断技术进行矫正施肥,可能更适于氮素和中、微量元素的诊断与施肥。近年来出现了一些新的植物生长健康状况的光谱诊断(薛利红等,2003;宋英博,2010),但在冬闲田马铃薯植物营养诊断方面未见报道。因此,很有必要开展光谱诊断在冬闲田马铃薯营养诊断与平衡施肥上的应用研究。

5.7 关于冬闲田马铃薯专用控释肥平衡施肥技术研究

近年来,由于用工成本的逐年提高,亟须一次施肥而达到与分次施肥效果相同的配套技术,而控释肥有望实现这一目标。控释肥料是指采用聚合物包膜,可定量控制肥料中养分释放数量和释放期,使养分供应与作物各生育期需肥规律吻合的包膜复合肥和包膜尿素(樊小林等,2009)。但由于控释肥的制造工艺不同,其在马铃薯生育期中释放速率和肥效的长短有异,

且不同于单元肥料和常规复合肥,因此应用单元肥料得到的适宜施肥量范围及比例可能不适合定量控释肥,需要开展相应的田间试验力求得到换算系数等参数。

5.8 关于有效养分测定方法的改进研究

目前,生产和研究中应用的土壤有效养分测定方法存在一些问题,特别是有效磷的测定方法,有的应用 Bray-1 浸提剂,有的用 M3 浸提剂,大部分用 $NaHCO_3$ 浸提剂等,这些方法虽然国内外应用多年,但由于是化学制剂,与大田土壤条件相差较大,且土壤磷素与土壤组分之间存在复杂的生物化学及化学反应,因此应用时有时不能很好地推荐施肥。有必要研究更接近田间条件,且简单易行、重现性好的测定方法。

5.9 关于施用生物炭时的平衡施肥技术问题

生物炭(biochar)是生物质在氧气不充分条件下热解炭化产生的一类高度芳香化物质(Foereid et al.,2011)。近年来,有关生物炭在农业土壤改良和生态环境保护上的研究日益增多。已有研究(潘根兴等,2010;黄超等,2011)表明,红壤施用生物炭不仅大大提高了土壤碳库,还可降低土壤酸度,增加盐基饱和度,提高土壤水稳定性团聚体数量,增加土壤速效磷、速效钾和有效氮,增强土壤保肥能力,改善植物生长环境。生物炭还具有很强的吸附性能(Lehmann et al.,2003;Glaser,2005),它能够有效减少 NH_4^+,NO_3^- 等速效养分的淋洗。如何在施用生物炭时决策冬闲田马铃薯平衡施肥技术值得深入探讨,因为生物炭不仅改良土壤,而且可以部分提供有效养分,如氮、磷、钾和中微量元素等。

5.10 冬闲田马铃薯养分资源综合管理专家系统的研制与应用

植物生产中的养分都具有资源属性,因此把植物—动物生产系统中土壤、肥料和环境中各种来源的养分统称为养分资源。养分资源管理的基本理论含义:①视植物—动物生产过程为一个系统,将土壤、肥料和环境所提供的养分均作为养分资源;②将系统中养分的投入与产出的平衡、提高养分循环与利用的强度作为养分资源综合管理的核心,根据不同营养元素的土壤、肥料效应的时空变异特点,采用实时监测方法进行不同的施肥调控;③施肥是农田养分调控的主要手段,但调控目标不仅是作物的优质高产,还有优化农业生态系统中物质和能量的循环,协调优质高产、土壤肥力和良性生态环境之间的辩证关系,保证农业的可持续发展;④农田养分管理是养分资源综合管理的一个环节。将改进施肥技术与挖掘植物高效利用养分的生物学途径相结合及将科学施肥与优化耕作栽培管理相结合是农田养分管理的两个主要方面(张福锁,2003)。

建议研究基于养分资源综合管理的专家系统,针对不同的马铃薯品种、种植制度、生态条件和管理水平等提出切实可行的平衡施肥指标,该系统应具有界面友好、可操作性强等特点,促进冬闲田马铃薯产业的健康可持续发展。

参考文献

邓兰生,林翠兰,龚林,等.2010.滴施不同钾肥对马铃薯生长及产量的影响[J].华南农业大学学报,31(2):12-14,27.

樊小林,刘芳,廖照源,等.2009.我国控释肥料研究的现状和展望[J].植物营养与肥料学报,15(2):463-473.

胡丹,范茂攀,汤利,等.2013.玉米马铃薯间作施肥的偏生产力分析[J].湖北农业科学,52(4):776-780.

黄超,刘丽君,章明奎.2011.生物质炭对红壤性质和黑麦草生长的影响[J].浙江大学学报(农业与生命科学版),37(4):439-445.

刘汝亮,李友宏,王芳,等.2009.两种钾源对马铃薯养分累积和产量的影响[J].西北农业学报,18(1):143-146.

潘根兴,张阿凤,邹建文,等.2010.农业废弃物生物黑炭转化还田作为低碳农业途径的探讨[J].生态与农村环境学报,26(4)::394-400.

宋英博.2010.光谱诊断马铃薯叶片氮素敏感波段的研究[J].中国马铃薯,24(3):176-178.

伍尤国,陈洪,全锋,等.2012.适宜冬种马铃薯的氮钾化肥种类的筛选研究[J].广东农业科学,(17):57-59.

薛利红,曹卫星,罗卫红,等.2003.基于冠层反射光谱的水稻群体叶片氮素状况监测[J].中国农业科学,36:807-812.

张福锁.2003.养分资源综合管理[M].北京:中国农业大学出版社:4-14.

张新明,伍尤国,徐鹏举,等.2013.平衡施肥与常规施肥对冬作马铃薯肥效的比较研究[J].华南农业大学学报,34(4):475-479.

Foereid B, Lehmann J, Major J. 2011. Modeling black carbon degradation and movement in soil[J]. *Plant and soil*, **345**(1-2):223-236.

Glaser B. 2005. Manioc peel and charcoal: A potential organic amendment for sustainable soil fertility in the tropics[J]. *Biology and Fertility of Soils*, **41**(1):15-21.

Lehmann J, Da Silva J P, Steiner C, *et al*. 2003. Nutrient availability and leaching in an archaeological Anthrosol and a Ferralsol of the Central Amazon basin: Fertilizer, manure and charcoal amendments[J]. *Plant and soil*, **249**(2):343-357.

Panique E, Kelling K A, Sehulte E E, *et al*. 1997. Potassium rate and source effects on potato yield quality and disease interaction[J]. *American Journal of Potato Research*, **74**(6):379-398.